职业院校机电设备安装与维修专业系列教材

照明线路安装与维修

第2版

主　编　王永飞
副主编　刘　洋　陈　巍
参　编　陶清华　樊海洋　刘颖鑫　戚新杨
　　　　高海林　于淑华　温玉琪　张黎黎

机械工业出版社

本书采用任务驱动模式，根据工程项目实际设置任务内容，主要内容包括防范触电与应急情况处理，导线的连接与绝缘恢复，照明线路的安装与检修，手工焊接，世赛实验台导线、气管及光纤敷设。

本书可作为技师学院、高级技工学校、职业技术学校机电一体化技术、机电设备安装与维修等专业的教学用书，也可作为装饰装修电工、维修电工的培训和自学用书。

图书在版编目（CIP）数据

照明线路安装与维修/王永飞主编. —2版. —北京：机械工业出版社，2019.8（2024.10重印）

职业院校机电设备安装与维修专业系列教材

ISBN 978-7-111-63361-7

Ⅰ.①照⋯ Ⅱ.①王⋯ Ⅲ.①电气照明-设备安装-高等职业教育-教材②电气照明-维修-高等职业教育-教材 Ⅳ.①TM923

中国版本图书馆CIP数据核字（2019）第165402号

机械工业出版社（北京市百万庄大街22号　邮政编码100037）
策划编辑：陈玉芝　　　　责任编辑：陈玉芝　王　博
责任校对：郑　婕　佟瑞鑫　封面设计：张　静
责任印制：常天培
固安县铭成印刷有限公司印刷
2024年10月第2版第7次印刷
184mm×260mm・14印张・346千字
标准书号：ISBN 978-7-111-63361-7
定价：39.80元

电话服务　　　　　　　网络服务
客服电话：010-88361066　机　工　官　网：www.cmpbook.com
　　　　　010-88379833　机　工　官　博：weibo.com/cmp1952
　　　　　010-68326294　金　书　网：www.golden-book.com
封底无防伪标均为盗版　机工教育服务网：www.cmpedu.com

前 言

为贯彻落实新型学徒制与项目教学法精神，坚持以就业为导向和以提升个人综合素质为目的的职业教育办学方针，推进职业学校课程和教材改革，满足新型学徒制和项目教学法的推行要求，黑龙江技师学院组织了一批学术水平高、教学经验丰富、实践能力强的教师深入厂矿、企业和家庭装修第一线，与企业、行业一线专家共同研究编写了本书。

本书编写过程中主要遵循以下几点：

第一，结合长期对现场实际考察、调研的结果，完善知识点，调整难易度，确定整体架构。

第二，吸收和借鉴其他院校此类教材的编写模式，使本书内容更加符合学生的认知规律，易于激发学生的学习兴趣。

第三，合理安排编写内容，并尽可能多地充实新知识、新技术、新设备和新材料等方面的内容，力求本书内容具有鲜明的时代特征。同时，增加机电一体化技术、机电设备安装与维修等专业相关的技术标准和要求。

第四，新增世赛相关内容，满足实际培训需求。

本书由王永飞任主编，刘洋、陈巍任副主编，陶清华、樊海洋、刘颖鑫、戚新杨、高海林、于淑华、温玉琪、张黎黎参加编写。

由于编者水平有限，书中难免有错误和不足之处，欢迎大家批评指正。

编 者

目 录

前言

学习任务一　防范触电与应急情况处理　1
　　学习活动一　明确工作任务　1
　　学习活动二　学习相关知识　2
　　学习活动三　任务实施　24
　　学习活动四　综合评价　25
　　复习思考题　26

学习任务二　导线的连接与绝缘恢复　28
　　学习活动一　明确工作任务　28
　　学习活动二　学习相关知识　29
　　学习活动三　任务实施　44
　　学习活动四　综合评价　45
　　复习思考题　46

学习任务三　照明线路的安装与检修　47
　子任务一　书房一控一灯照明线路的安装与检修　47
　　学习活动一　明确工作任务　47
　　学习活动二　学习相关知识　48
　　学习活动三　制订工作计划　64
　　学习活动四　任务实施　66
　　学习活动五　综合评价　68
　　复习思考题　69
　子任务二　跃式楼（两地、三地控制）照明线路的安装与检修　69
　　学习活动一　明确工作任务　70
　　学习活动二　学习相关知识　71
　　学习活动三　制订工作计划　77
　　学习活动四　任务实施　78
　　学习活动五　综合评价　80
　　复习思考题　81
　子任务三　寝室照明线路的安装与检修　81
　　学习活动一　明确工作任务　81

学习活动二	学习相关知识	83
学习活动三	制订工作计划	101
学习活动四	任务实施	103
学习活动五	综合评价	107
复习思考题		107

子任务四 教室照明线路的安装与检修 …… 108

学习活动一	明确工作任务	108
学习活动二	学习相关知识	110
学习活动三	制订工作计划	118
学习活动四	任务实施	119
学习活动五	综合评价	121
复习思考题		122

子任务五 套装房用电线路的安装与检修 …… 122

学习活动一	明确工作任务	122
学习活动二	学习相关知识	124
学习活动三	制订工作计划	131
学习活动四	任务实施	133
学习活动五	综合评价	140
复习思考题		140

子任务六 办公室荧光灯的安装与检修 …… 141

学习活动一	明确工作任务	141
学习活动二	学习相关知识	142
学习活动三	制订工作计划	145
学习活动四	任务实施	147
学习活动五	综合评价	151
复习思考题		152

学习任务四 手工焊接 …… 153

学习活动一	明确工作任务	153
学习活动二	学习相关知识	154
学习活动三	制订工作计划	162
学习活动四	任务实施	163
学习活动五	综合评价	164
复习思考题		165

学习任务五 世赛实验台导线、气管及光纤敷设 …… 166

学习活动一	明确工作任务	166
学习活动二	学习相关知识	167
学习活动三	制订工作计划	183
学习活动四	任务实施	185
学习活动五	综合评价	200

复习思考题 …… 200

附录 …… 201

附录 A　实际工程技术交底记录 …… 201
附录 B　室内网络插座的安装与增设 …… 205
附录 C　室内电话插座的安装与增设 …… 209
附录 D　室内浴霸与排风设备的安装 …… 212
附录 E　室内有线电视插座的安装与增设 …… 215

学习任务一

防范触电与应急情况处理

学习目标：

1. 能通过学习，掌握安全用电要求，建立自觉遵守电工安全操作规程的意识和方法，掌握保障用电安全的措施。
2. 能通过分析触电事故案例，掌握常见的触电方式，并能采取正确措施预防触电。
3. 能通过触电急救和灭火器使用训练，掌握处理突发事件的方法。
4. 能通过展示和小组讨论，提高团队协作能力和沟通能力。

学习活动一　明确工作任务

一、工作情境描述

刚刚进入职业学校的学生对物理课中电学部分涉及的电压、电流只有一些粗浅的概念性了解，在现实的生产、生活中，哪里需要维修电工？维修电工应该干些什么？他们的工作环境怎样？一个合格的维修电工应该具备哪些基本技能？对此他们一无所知，需要进行职业素养教育，使他们了解维修电工的职业特征。

维修电工必须接受安全教育，在具有遵守电工安全操作规程意识、了解安全用电常识后，经过专业学习与训练，才能走上工作岗位。

二、工作任务要求

维修电工的主要工作就是与电打交道。在工作过程中，避免触电事故，保证自我与他人安全，在发生电气火灾和触电时正确应对，保证用电安全等，都是维修电工应该掌握的必备知识。

学习活动二 学习相关知识

一、用电安全

◆ **引导问题**

1. 为什么要"安全用电"?
2. 既然"电"有危害,我们能不能不用?
3. 你知道因"电"造成危害的事例吗?

观看触电事故视频,列举出两个以上触电事故及其原因。

事故现象1：_____。

简述触电原因：_____。

事故现象2：_____。

简述触电原因：_____。

事故现象3：_____。

简述触电原因：_____。

4. 我国电力生产的主要来源是_____和_____发电。你还知道哪些发电方式?
5. 电能输送的原则是容量越大,距离越远,输电电压就越高,这样做的目的是什么?
6. 据你了解,一般家用电器使用的电压为_____V。

◆ **咨询资料**

1. 家庭常用供电知识

（1）基础用电知识　单相交流电是指在电路中只具有单一的交流电压,在电路中产生的电流、电压都以一定的频率随时间变化。单相交流电路在日常生活中非常普遍,在我国,家庭和小功率的用电设备都使用单相交流电。图 1-1 所示为某家庭单相交流小功率用电设备的电路图。

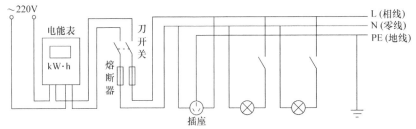

图 1-1　某家庭单相交流小功率用电设备的电路图

（2）单相交流电供配电电路　只取三相交流电中其中一路相线,就构成了单相交流电路,它由相线、零线、地线构成。零线是为了与相线形成回路而设的,地线是连接大地的线路,起安全保护作用。

三相交流电中的相线，在形成单相交流电的时候，俗称为"火线"。单相交流电对传输电线的颜色有着严格的要求，相线可用红色、绿色或黄色中任意一种颜色，零线必须用蓝色电线，地线则必须用黄绿相间的电线。

单相交流电通过配电箱（一户一表）进入单元住户，再由住户根据家用电器的功率大小及使用环境的不同进行适当分支。可按照不同电器的使用环境进行配电分配，即客厅支路、厨房支路、卫生间支路、次卧室支路、主卧室支路。也可以按照家用电器使用功率的大小与使用环境相结合进行配电分配，即照明支路、普通插座支路（电视机/计算机）、空调器支路、厨房支路、卫生间支路。

2. 用电安全

（1）触电原因

1）缺乏电气安全知识：如在电线附近放风等；在高压线路下修造房屋时接触高压线；剪修高压线附近树木时接触高压线；用手误碰相线；光线不明的情况下带电接线，误触带电体；手触摸破损的开启式负荷开关；儿童在水泵电动机外壳上玩耍；触摸灯头或插座；随意乱动电器；用湿手拧灯泡等。

2）违反安全操作规程：带负荷拉高压隔离开关；在高低压同杆架设的线路电杆上检修低压线或广播线时碰触有电导线；带电换电杆架线；带电拉临时照明线；带电修理电动工具、搬动用电设备；相线误接在电动工具外壳上等。

3）设备不合格：高压架空线与房屋等建筑间的距离不符合安全距离要求，高压线和附近树木距离太近；高低压交叉线路，低压线误设在高压线上面；用电设备进出线未包扎好裸露在外等。

4）维修管理不善：大风刮断低压线路和刮倒电杆后，没有及时处理；开启式负荷开关胶木盖破损长期不修理；瓷绝缘子破裂后相线与零线长期相碰；水泵电动机接线破损使外壳长期带电等。

5）偶然因素：大风刮断电力线路触到人体等。

（2）直接触电的预防　直接触电的预防措施有以下3种。

1）绝缘措施。良好的绝缘是保证电气设备和线路正常运行的必要条件，是防止触电事故的重要措施。选用的绝缘材料必须与电气设备的工作电压、工作环境和运行条件相适应。不同的设备或电路对绝缘电阻的要求不同。例如，新装或大修后的低压设备和线路，绝缘电阻不应低于$0.5M\Omega$；运行中的线路和设备，绝缘电阻要求每伏工作电压$1k\Omega$以上；高压线路和设备，绝缘电阻要求每伏工作电压不低于$1000M\Omega$。

2）屏护措施。采用屏护装置，如常用电器的绝缘外壳、金属网罩、金属外壳，变压器的遮栏、栅栏等，将带电体与外界隔绝开来，以杜绝不安全因素。凡是金属材料制作的屏护装置，应妥善接地或接零。

3）间距措施。为防止人体触及或过分接近带电体，在带电体与地面之间、带电体与其他设备之间，应保持一定的安全间距。安全间距取决于电压、设备类型、安装方式等因素。

（3）间接触电的预防　间接触电的预防措施有以下3种。

1）加强绝缘。对电气设备或线路采取双重绝缘的措施，可使设备或线路绝缘牢固，不易损坏。即使工作绝缘损坏，也还有一层加强绝缘，不致发生金属导体裸露造成间接触电。

2）电气隔离。采用隔离变压器或具有同等隔离作用的发电机，使电气线路和设备的带电部分处于悬浮状态。即使线路或设备的工作绝缘损坏，人站在地面上与之接触也不易触电。必须注意，被隔离回路的电压不得超过500V，其带电部分不能与其他电气回路或大地相连。

3) 自动断电保护。在带电线路或设备上采取漏电保护、过电流保护、过电压或欠电压保护、短路保护、接零保护等自动断电措施，当发生触电事故时，在规定时间内能自动切断电源，起到保护作用。

（4）其他预防措施

1) 加强用电管理，建立健全的安全工作规程和制度，并严格执行。

2) 使用、维护、检修电气设备，严格遵守有关安全规程和操作规程。

3) 尽量不进行带电作业，特别是在危险场所（如高温、潮湿地点），严禁带电工作；必须带电工作时，应使用各种安全防护工具，如使用绝缘棒、绝缘钳和必要的仪表，戴绝缘手套，穿绝缘靴等，并设专人监护。

4) 对各种电气设备按规定进行定期检查，如发现绝缘损坏、漏电和其他故障，应及时处理；对不能修复的设备，不可带"病"运行，应予以更换。

5) 根据生产现场情况，在不宜使用380/220V电压的场所，应使用12～36V的安全电压。

6) 禁止非电工人员乱装乱拆电气设备，更不得乱接导线。

7) 加强技术培训，普及安全用电知识，开展以预防为主的反事故演习。

二、触电危害与触电分类

◆ **引导问题**

1. 常见的几种触电方式是什么？
2. 影响触电危害程度的因素有哪些？
3. 人体接触安全电压就一定安全吗？为什么？
4. 填写图1-2所示触电方式的名称。

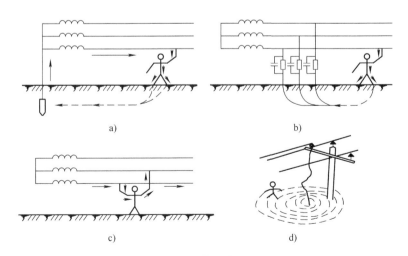

图1-2 触电方式

◆ **咨询资料**

（1）触电方式　按照人体触及带电体的方式和电流通过人体的途径，触电可分为以下几种情况。

1）单相触电。单相触电是指在地面或其他接地导体上，人体某一部位触及一相带电体的触电事故。

2）两相触电。两相触电是指人体两处同时触及任何两相带电体而发生的触电。

3）跨步电压触电。当带电体接地有电流流入地下时，电流在接地点周围土壤中产生电压降，人在接触接地点周围时，两脚之间出现的电位差即为跨步电压。由此造成的触电称为跨步电压触电。

在低电压380V的供电网中，如果有一根线掉在水中或潮湿的地面上，在此水中或潮湿的地面上就会产生跨步电压。

在高压故障接地处同样会产生更加危险的跨步电压。所以，在检查高压设备接地故障时，室内不得接近故障点4m以内，室外不得接近故障点8m以内。注意：以上距离为土地干燥时的距离。

4）悬浮电路触电。电通过有一、二次绕组互相绝缘的变压器后（即一、二次绕组之间没有直接电路联系而只有磁路联系），从二次绕组输出的电压零线不接地，相对于大地处于悬浮状态，若人站在地面上接触其中一根带电线，一般没有触电感觉。但在大量的电子设备中，如收、扩音机等，是以金属底板或印制电路板作为公共接"地"端的，如果操作者身体的一部分接触底板（接"地"点），另一部分接触高电位端，就会造成触电，即为悬浮电路触电。所以在这种情况下，一般都要求单手操作。

（2）电流对人身的损害　常说的触电是指电流流过人体，对人体造成伤害，也叫作电击。

当通过人体的电流较小时，人体会有麻感、针刺感、打击感、疼痛感，会引起肌肉痉挛收缩；当通过人体的电流较大时，会引起呼吸困难、血压升高、心脏跳动不规则、昏迷等症状，甚至会造成呼吸停止和心脏停止跳动，导致死亡。

决定触电伤害程度的因素主要有两个：触电电流的大小和触电时间的长短。

在50~60Hz条件下，人体通过1mA左右的电流，就会引起人的感觉，如针刺感；电流分别达到6mA和9mA时，成年女性和男性就无法自己摆脱带电导体；电流超过30mA时，会出现呼吸麻痹，心脏颤动的迹象，即有致命的危险。

触电电流的大小主要取决于电压和人体综合电阻的大小。人体电阻只有2kΩ左右（人的表皮电阻较大，体内电阻只有600~800Ω），但是由于人总是穿着衣服鞋袜，综合电阻可以达到几十千欧，所以电工在操作时，应穿绝缘良好的电工鞋，增大人体综合电阻。

触电时间短，电流小，不会对人体造成很大伤害，但随着触电时间加长，由于人体的生理反应，如紧张出汗，减小了表皮电阻，使触电电流进一步增大，达到伤害电流的程度，就会造成死亡事故。可以用触电电流和触电时间的乘积来鉴定触电伤害事故，当乘积大于50mA·s时，就会造成较严重的伤害，甚至死亡。我国规定30mA·s为极限值。

（3）安全电压　安全电压是为了防止触电事故而采用的由特定电源供电的电压系列。这个电压系列的上限值，在任何情况下，两根导线间或任一根导线与地之间不超过交流

(50~500Hz) 50V（有效值）。根据生产和作业场所的特点，采用相应等级的安全电压，是防止发生触电伤亡事故的根本性措施。

在湿度大、狭窄、行动不便、周围有大面积接地导体的场所使用的手提照明器具，应采用12V安全电压。凡是手提照明器具，特别是危险环境中使用的局部照明灯、高度不足2.5m的一般照明灯、携带式电动工具，若无特殊的安全防护装置或安全措施，均采用24V或36V的安全电压。

三、家庭装修用电安全

◆ **引导问题**

1. 装修电工的操作要符合哪些安全规范？
2. 发生意外要怎样进行应急处理？
3. 家装施工临时用电时，应注意哪些事情？

◆ **咨询资料**

1. 家装电工的安全注意事项

1）用电环境要保持清洁、干燥。

2）家装电工施工操作时，一定要注意用电环境，不可堆积过多杂物，并且不要有水渍，尤其是和水暖等操作同期进行时。

3）用电环境要配置消防器材。在进行家装施工时，施工现场应配备消防器材，若施工过程中出现火灾事故，能够及时进行抢险。

工作时，临时线路的架设要安全、稳妥，使用完的线路一定要收拾好，并且线路不宜过长或与其他工具拉扯，以免给施工人员带来安全隐患。工作时，用电量要满足用电负荷要求。

家装施工临时用电时，同样需要考虑用电负荷的问题，电钻、切割机等加工工具都是大功率设备，切忌在同一个接线板上同时使用，以免超负荷。

在使用工具前，检查其性能是否良好，尤其是线缆不能破损等，以免诱发触电事故。

2. 家装电工的操作安全常识

家装电工要做好绝缘保护。家装施工作业时，一定要定期检查，并对检测设备、工具及佩戴的绝缘物品进行严格的检查，尤其是个人的绝缘物品（见图1-3），如绝缘手套、绝缘鞋等，一定要保证其性能良好，并且要定期进行更换。

如果处于紧急状态，不能及时佩戴好绝缘物品，可在脚下垫一块干燥的木板，就可以实现与地面的绝缘。

1）装修操作要符合安全规范。家庭装修中的敷设线缆等操作，尽量在断电情况下进行，需要对低压电气设备（插

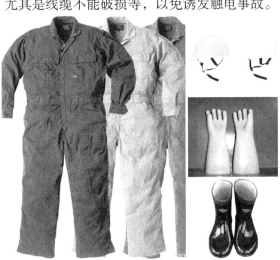

图1-3 绝缘物品

座、开关等）进行安装时，即使在断电情况下，也要做好测量，确定不带电后再进行操作。

与电打交道，要时刻将其视为带电状态，因此，即使已经断开电源开关，也要使用试电笔确定是否带电。

2）发生意外时要做好应急处理。家庭装修过程中，比较容易发生人身伤害和火灾事故，家装电工应有一定的应急处理知识，以减轻伤害。

四、电火扑救

◆ **引导问题**

1. 因设备使用不当而引起的电气火灾你会进行现场扑救吗？应该如何处理？
2. 电气火灾的主要原因有哪些？A、B、C、D 四类火灾都指什么？每种举一个例子。
3. 使用灭火器时应注意哪些安全事项？
4. 图 1-4 所示灭火器，你认识吗？你是怎样区分它们的？

图 1-4　灭火器

◆ **咨询资料**

1. 电气火灾的产生与扑救

产生电气火灾的原因主要有电路短路、过负载、接触不良、电火花或电弧。

当用电设备发生火灾时，应立即切断电源，并根据情况选用 1211 灭火器、二氧化碳灭火器、干粉灭火器灭火。注意：未停电时不得使用泡沫灭火器和水灭火。

使用灭火器时应注意的安全事项：

1）对准火源，打开阀门向火源根部喷射。
2）干粉灭火器不适用于旋转的电动机、发电机等的灭火。
3）二氧化碳易使人窒息，注意人所处的位置要有足够的通风并且人应站在上风侧。
4）当注油设备发生火灾时，切断电源后，最好用泡沫灭火器或干砂灭火。

2. 火灾类型

1）A 类火灾：指固体物质火灾，如木材、棉、毛、麻、纸张火灾等。这种物质往往具有有机物性质，一般在燃烧时能产生灼热的余烬。
2）B 类火灾：指液体火灾和可熔化的固体火灾，如汽油、煤油、原油、甲醇、乙醇、沥青、石蜡火灾等。
3）C 类火灾：指气体火灾，如煤气、天然气、甲烷、乙烷、丙烷、氢气火灾等。
4）D 类火灾：指金属火灾，如钾、钠、镁、钛、锆、锂、铝镁合金火灾等。

3. 灭火器的使用

（1）二氧化碳灭火器的使用

【使用范围】适用于 A、B、C 类火灾，不适用于 D 类火灾。扑救棉麻、纺织品火灾时，应注意防止复燃。由于二氧化碳灭火器灭火后不留痕迹，因此适宜扑救家用电器火灾。

【使用方法】先拔出保险销，再压合压把，将喷嘴对准火焰根部喷射。

【注意事项】使用时要尽量防止皮肤因直接接触喷筒和喷射胶管而造成冻伤。扑救电器火灾时，如果电源电压超过 600V，切记要先切断电源后再灭火。

（2）干粉灭火器的使用　干粉灭火器利用二氧化碳或氮气作动力，将干粉从喷嘴内喷出，形成一股雾状粉流，射向燃烧物质进行灭火。普通干粉又称为 BC 干粉，用于扑救液体和气体火灾，对固体火灾则不适用。多用干粉又称为 ABC 干粉，可用于扑救固体、液体和气体火灾。

【使用范围】干粉灭火器适用于扑救各种易燃、可燃液体火灾，易燃、可燃气体火灾，以及电气设备火灾。

【使用方法】先拔出保险销，再压合压把，将喷嘴对准火焰根部喷射。

（3）1211 灭火器的使用

【使用范围】1211 灭火器适用于电气设备、各种装饰物等贵重物品的初期火灾扑救。

【使用方法】1211 灭火器的使用方法与干粉灭火器相同。

【注意事项】1211 本身含有氟，具有较好的热稳定性和化学惰性，久贮不变质，对钢、铜、铝等常用金属腐蚀作用小并且由于灭火时是液化气体，所以灭火后不留痕迹，不污染物品。由于它对大气臭氧层的破坏作用，在非必须使用场所一律不准新配置 1211 灭火器。

（4）泡沫灭火器的使用

【使用范围】泡沫灭火器主要用于扑救油品火灾，如汽油、煤油、柴油及苯、甲苯等的初起火灾，也可用于扑救固体物质火灾。泡沫灭火器不适于扑救带电设备火灾以及气体火灾。泡沫灭火器有化学泡沫灭火器和空气泡沫灭火器两种。

【使用方法】手提式化学泡沫灭火器由筒体、筒盖、喷嘴及瓶胆等组成。平时，瓶胆内装的是硫酸铝的水溶液，筒体内装的是碳酸氢钠的水溶液。当灭火器颠倒时，两种溶液混合，产生化学反应，喷射出泡沫。在喷射泡沫过程中，灭火器应一直保持颠倒的垂直状态，不能横置或直立过来，否则喷射会中断。

【注意事项】如扑救可燃固体物质火灾，应把喷嘴对准燃烧最猛烈处喷射；如扑救容器内的油品火灾，应将泡沫喷射在容器的器壁上，从而使泡沫沿器壁流下；如扑救流动油品火灾，操作者应站在上风方向，并尽量减少泡沫射流与地面的夹角，使泡沫由近而远地逐渐覆盖在整个油面上。

五、用电屏护与间距

◆ 引导问题

1. 屏护的作用和分类是什么？
2. 室内煤气管道、上下水管道与电缆的安全距离应该是多少？
3. 常用开关和插座的安装高度是多少？与建筑物的间距是多少？

4. 灯具高度应该是多少？

◆ **咨询资料**

屏护和间距是防止人体直接接触带电体的常用安全措施，也是防止短路、故障接地等电气事故的安全措施。

（1）屏护　屏护即采用遮栏、护罩、护盖、箱匣等将危险的带电体同外界隔离开来，以防止人体触及或接近带电体引起触电事故。屏护是一种对电击危险因素进行隔离的手段，还起到防止电弧伤人、防止弧光短路和便于检修的作用。

1）屏护的作用。屏护主要用于电气设备不便于绝缘或绝缘不足以保证安全的场合，如开关等电器的可动部分一般不能包以绝缘，因此需要屏护。对于高压设备，由于全部绝缘往往有困难，因此不论高压设备是否有绝缘，均要求加装屏护装置。室内、外安装的变压器和变配电装置应装有完善的屏护装置。当作业场所邻近带电体时，在作业人员与带电体之间、过道、入口等处均应装设可移动的临时性屏护装置。

2）屏护的分类。

① 分类1——屏蔽和障碍。屏护可分为屏蔽和障碍（或称为阻挡物），两者的区别在于：后者只能防止人体无意识触及或接近带电体，而不能防止有意识移开、绕过或翻越该障碍触及或接近带电体。从这点来说，前者属于一种完全的防护，而后者是一种不完全的防护。

② 分类2——永久性和临时性。屏护又有永久性屏护和临时性屏护之分，前者如配电装置的遮栏、开关的罩盖等，后者如检修工作中使用的临时屏护和临时设备的屏护等。

③ 分类3——固定和移动。屏护还可分为固定屏护和移动屏护，如母线的护网就属于固定屏护，而跟随天车移动的天车滑线屏护就属于移动屏护。

3）屏护的安全条件。

① 屏护装置所用材料应有足够的机械强度和良好的耐火性能。为防止因意外带电而造成触电事故，对金属材料制成的屏护装置必须实行可靠的接地或接零。

② 屏护装置应有足够的尺寸，与带电体之间应保持必要的距离。遮栏高度不应低于1.7m，下部边缘离地不应超过0.1m，网眼遮栏与带电体之间的距离不应小于表1-1规定的距离。栅遮栏的高度户内不应小于1.2m，户外不小于1.5m，栏条间距离不应大于0.2m。对于低压设备，遮栏与裸导体之间的距离不应小于0.8m。户外变配电装置围墙的高度一般不应小于2.5m。一般屏护装置与不同电压等级带电体的距离见表1-1。

表1-1　屏护装置与不同电压等级带电体的距离

额定电压/kV	<1	10	20~35
最小距离/m	0.15	0.35	0.6

③ 遮栏、栅栏等屏护装置上应有"止步，高压危险！"等标志。

④ 必要时应配合采用声光报警信号和联锁装置。

（2）间距　间距是指带电体与地面之间、带电体与其他设备和设施之间、带电体与带电体之间必要的安全距离。

间距的作用是防止人体触及或接近带电体造成触电事故，避免车辆或其他器具碰撞或过分接近带电体造成事故，防止火灾、过电压放电及各种短路事故，以及便于操作。在间距的设计选择时，既要考虑安全的要求，也要符合人机工效学的要求。

不同电压等级、不同设备类型、不同安装方式、不同的周围环境所要求的间距不同。

1）线路间距见表1-2。

表1-2 线路间距　　　　　　　　　　　　　　　　　　　　（单位：m）

线路经过地区	线路电压		
	<1kV	1~10kV	35kV
居民区	6	6.5	7
非居民区	5	5.5	6
不能通航或浮运的河、湖（冬季水面）	5	5	—
不能通航或浮运的河、湖（50年一遇的洪水水面）	3	3	—
交通困难地区	4	4.5	5
步行可以达到的山坡	3	4.5	5
步行不能达到的山坡、峭壁或岩石	1	1.5	3

在未经相关管理部门许可的情况下，架空线路不得跨越建筑物。架空线路与有爆炸、火灾危险的厂房之间应保持必要的防火间距，且不应跨越具有可燃材料屋顶的建筑物。架空线路导线与建筑物间的最小间距见表1-3。

表1-3 架空线路导线与建筑物间的最小间距

线路电压/kV	<10	10	35
垂直距离/m	2.5	3.0	4.0
水平距离/m	1.0	1.5	3.0

架空线路导线与道路、电力线间的最小间距见表1-4和表1-5。其中，架空线路导线与绿化区树木、公园树木间的最小间距为3m。

表1-4 道路与架空线路导线间的最小间距　　　　　　　　　　（单位：m）

项目				线路电压		
				≤1kV	10kV	35kV
铁路	标准轨距	垂直距离	至钢轨顶面	7.5	7.5	7.5
			至承力索接触线	3.0	3.0	3.0
		水平距离	电杆外缘至轨道中心 平行	5.0		
			电杆外缘至轨道中心 交叉	杆加高3.0		
	窄距	垂直距离	至钢轨顶面	6.0	6.0	7.5
			至承力索接触线	3.0	3.0	3.0
		水平距离	电杆外缘至轨道中心 平行	5.0		
			电杆外缘至轨道中心 交叉	杆加高3.0		

（续）

项　目		线路电压		
		≤1kV	10kV	35kV
道路	垂直距离	6.0	7.0	7.0
	水平距离（电杆至道路边缘）	0.5	0.5	0.5
通航河流	垂直距离 至50年一遇的洪水位	6.0	6.0	6.0
	至最高航行水位的最高桅顶	1.0	1.5	2.0
	水平距离 导线至河岸上缘	最高杆（塔）高		

表1-5　电力线间的最小间距　　　　　　　　　　（单位：m）

项　目			线路电压		
			≤1kV	10kV	35kV
弱电线路		垂直距离	6.0	7.0	7.0
		水平距离（两线路边导线间）	0.5	0.5	0.5
电力线路	≤1kV	垂直距离	1.0	2.0	3.0
		水平距离（两线路边导线间）	2.5	2.5	5.0
	10kV	垂直距离	2.0	2.0	3.0
		水平距离（两线路边导线间）	2.5	2.5	5.0
	35kV	垂直距离	3.0	2.0	3.0
		水平距离（两线路边导线间）	5.0	5.0	5.0
特殊管道	垂直距离	电力线路在上方	1.5	3.0	3.0
		电力线路在下方	1.5	—	—
	水平距离（导线至管道）		1.5	2.0	4.0

同杆架设不同种类、不同电压的电气线路时，电力线路应位于弱电线路的上方，高压线路应位于低压线路的上方。横担间的最小距离见表1-6。

表1-6　横担间的最小距离　　　　　　　　　　（单位：m）

项　目	直线杆	分支杆和转角杆
10kV与10kV	0.8	0.45/0.6
10kV与低压	1.2	1.0
低压与低压	0.6	0.3
10kV与通信电缆	2.5	—
低压与通信电缆	1.5	—

从配电线路到用户进线处第一个支持点之间的一段导线称为接户线。10kV接户线对地距离不应小于4.5m；低压接户线对地距离不应小于2.75m。低压接户线跨越通车街道时对地距离不应小于6m；跨越通车困难的街道或人行道时，对地距离不应小于3.5m。

从接户线引入室内的一段导线称为进户线。进户线的进户管口与接户线端头之间的垂直距离不应大于0.5m；进户线对地距离不应小于2.7m。

户内低压线路与工业管道和工艺设备之间的最小距离见表1-7。表中无括号的数字为电缆管线在管道上方的数据，有括号的数字为电缆管线在管道下方的数据。电缆管线应尽可能敷设在热力管道的下方。当现场的实际情况无法满足表1-7所规定的距离时，应采取包隔热层，对交叉处的裸母线外加保护网或保护罩等措施。

表1-7　户内低压线路与工业管道和工艺设备之间的最小距离　　　　（单位：m）

敷设方式	管道及设备名称	穿线管	电缆	绝缘导线	裸导（母）线	滑触线	母线槽	配电设备
平行	煤气管	0.5	0.5	1.0	1.8	1.5	1.5	1.5
	乙炔管	1.0	1.0	1.0	2.0	1.5	1.5	1.5
	氧气管	0.5	0.5	0.5	1.8	1.5	1.5	1.5
	蒸汽管（有保温层）	0.5/0.25	0.5/0.25	0.5/0.25	1.5	1.5	0.5/0.25	0.5
	热水管（有保温层）	0.3/0.2	0.1	0.3/0.2	1.5	1.5	0.3/0.2	0.1
	通风管	0.1	0.1	0.2	1.5	1.5	0.1	0.1
	上下水管	0.1	0.1	0.2	1.5	1.5	0.1	0.1
	压缩空气管	0.1	0.1	0.2	1.5	1.5	0.1	0.1
	工艺设备	0.1			1.5	1.5		
交叉	煤气管	0.1	0.3	0.3	0.5		0.5	
	乙炔管	0.1	0.5	0.5	0.5		0.5	
	氧气管	0.1	0.3	0.3	0.5		0.5	
	蒸汽管（有保温层）	0.3	0.3	0.3	0.5		0.3	
	热水管（有保温层）	0.1	0.1	0.1	0.5		0.1	
	通风管	0.1	0.1	0.1	0.5		0.5	
	上下水管	0.1	0.1	0.1	0.5		0.5	
	压缩空气管	0.1	0.1	0.1	0.5		0.5	
	工艺设备	0.1			1.5	1.5		

注：1. 表中分子数字为线路在管道上面时的最小净距，分母数字为线路在管道下面时的最小净距。
　　2. 线路与蒸汽管不能保持表中距离时，可在蒸汽管与线路间加隔热层，平行净距可减至0.2m。交叉只需考虑施工维修方便。
　　3. 线路与热水管道不能保持表中距离时，可在热水管外包隔热层。
　　4. 裸母线与其他管道交叉不能保持表中距离时，应在交叉处的裸母线外加装保护网或保护罩；裸母线应安装在管道上方。

直埋电缆埋设深度不应小于0.7m，并应位于冻土层之下。直埋电缆与其他设备的最小距离见表1-8。当电缆与热力管道接近时，电缆周围土壤温升不应超过10℃，超过时，须进行隔热处理。表1-8中的最小距离应用于采用穿管保护的情况时，应从保护管的外壁算起。

表1-8　直埋电缆与其他设备的最小距离　　　　（单位：m）

敷设条件	平行敷设	交叉敷设
与电杆或建筑物地下基础间，控制电缆与控制电缆间	0.6	—
10kV以下的电力电缆或控制电缆间	1.0	0.5
10~35kV的电力电缆或其他电缆间	0.25	0.5

（续）

敷 设 条 件	平 行 敷 设	交 叉 敷 设
不同部门的电缆(包括通信电缆)间	0.5	0.5
与热力管沟之间	2.0	0.5
与可燃气体、可燃液体管道之间	1.0	0.5
与水管、压缩空气管道之间	0.5	0.5
与道路之间	1.5	1.0
与普通铁路路轨之间	3.0	1.0
与直流电气化铁路路轨之间	10.0	—

2）用电设备间距。明装的车间低压配电箱底口的高度可取 1.2m，暗装的可取 1.4m。明装电能表底板距地面的高度可取 1.8m。

常用开关的安装高度为 1.3～1.5m，开关手柄与建筑物之间保留 0.15m 的距离，以便于操作。墙用平开关，离地面高度可取 1.4m。明装插座离地面高度可取 1.3～1.8m，暗装的可取 0.2～0.3m。

户内灯具高度应大于 2.5m，受实际条件约束达不到时，可减为 2.2m，低于 2.2m 时，应采取适当安全措施。当灯具位于桌面上方等人碰不到的地方时，高度可减为 1.5m。户外灯具高度应大于 3m；安装在墙上时可减为 2.5m。

起重机具至线路导线间的最小距离：1kV 及 1kV 以下者不应小于 1.5m，10kV 者不应小于 2m。

3）检修间距。低压操作时，人体及其所携带工具与带电体之间的距离不得小于 0.1m。高压作业时，各种作业类别所要求的最小距离见表 1-9。

表 1-9 检修最小间距　　　　　　　　　　　　（单位：m）

类　　别	电 压 等 级	
	≤10kV	20.35kV
无遮栏作业，人体及其所携带工具与带电体间①	0.7	1.0
无遮栏作业，人体及其所携带工具与带电体间，用绝缘杆操作	0.4	0.6
线路作业，人体及其所携带工具与带电体间②	1.0	2.5
带电时用水冲洗，小型喷嘴与带电体间	0.4	0.6
喷灯或气焊火焰与带电体间③	1.5	3.0

① 距离不足时，应装设临时遮栏。
② 距离不足时，邻近线路应当停电。
③ 火焰不应喷向带电体。

六、绝缘物质

◆ **引导问题**

1. 绝缘物质有哪几类？
2. 绝缘油的使用注意事项有哪些？
3. 云母和粉云母有何特点？用在哪些场合？
4. 天然绝缘物质有何特点？

◆ **咨询资料**

1. 气体绝缘

在正常状态下,气体具有极高的绝缘电阻,故是常见的绝缘材料。一般选用气体绝缘材料需考虑的因素有绝缘耐力和气体电晕放电初始电场强度。例如,卤族元素(氟、氯、溴)较惰性气体(氦、氖、氩、氪)的电晕放电初始电场强度大些,因此绝缘气体中常见的为卤化物,而惰性气体不宜作为绝缘材料,但可用在霓虹灯放电管上。以下介绍几种常见的绝缘气体。

(1) 空气 空气是最常用的气体绝缘材料。一般空气可用于标准电容器及通信用空气电容器中,作为绝缘介质。高压气体可提高绝缘耐力,因此空气加压可封装到电缆、电力电容器、电力变压器等。高速流动的空气可以用于消弧,以避免绝缘损坏。空气最大的缺点是,当开始发生电晕放电时,放出的 O_3、NO、NO_2 等气体,会侵蚀周围的绝缘物或金属。

(2) 氟利昂气体 氟利昂可分为氟利昂 12 (CF_2Cl_2) 与氟利昂 22 ($CHClF_2$) 两种。由于其化学性能稳定,并且氟利昂 12 的绝缘耐力是空气的 2.5 倍,高压下的绝缘距离可大为缩小,因此广泛用于变压器或静电发电机等超高压机械中,以发挥其绝缘效率。正常状态下,氟利昂无腐蚀性,且为不燃物,但遇到火花放电及 500℃ 以上的铁或燃油时,会分解出 Cl_2 或 $COCl_2$ 等有毒且具有腐蚀性的气体,必须特别注意。氟利昂可用作冷冻机的冷媒,如氟利昂 22 可用作家用电冰箱和空调器的冷媒。

(3) 六氟化硫 六氟化硫的化学式为 SF_6,是无色、无毒、无臭且化学性能稳定,具有不燃性与消弧性的气体。其沸点为 -50℃,常温压缩到 50 个标准大气压(atm,1atm = 101325Pa)亦不液化,600℃ 以下高温也不会分解,且不会在电晕放电过程中被分解,凝点亦低。六氟化硫较氟利昂气体更适合做绝缘材料。此外,在较高的大气压下(3~5 个标准大气压),其绝缘耐力比空气高很多。

2. 液体绝缘

绝缘漆和绝缘胶都是以高分子聚合物为基础,能在一定条件下固化成绝缘硬膜或绝缘整体的重要绝缘材料。

(1) 绝缘漆 按用途分,绝缘漆主要有浸渍漆、覆盖漆、漆包线漆和硅钢片漆。

(2) 绝缘胶 绝缘胶主要用于浇注电缆接夹、套管、20kV 以下的电流互感器、10kV 以下的电压互感器等。

(3) 绝缘油 绝缘油主要有矿物油和合成油两大类。矿物油具有良好的化学稳定性和电气稳定性,应用广泛。在电气设备中绝缘油除起绝缘、冷却和润滑的作用外,还起到灭弧作用,具体用于电力变压器、断路器、高压电缆、油浸纸电容器等电力设备中。在运输、储存和使用中,绝缘油易受空气中氧和电弧高温的影响,导致老化,电气性能降低,甚至丧失绝缘能力,因此,在工业生产中常采用加强散热或用氮气、薄膜隔绝变压器油与空气,或者添加抗氧化剂,以防止绝缘油老化。绝缘油常用的净化和再生方法有普通应用压力过滤法和电净化法。

3. 固体绝缘

(1) 无机固体绝缘

1) 云母和粉云母制品具有长期耐电晕性的特点,是高电压设备绝缘结构中重要的组成部分,也可以用于高温场合。

2) 玻璃可用以制造绝缘子。玻璃纤维可制成丝、布、带,具有比有机纤维高得多的耐热性，在绝缘结构向高温发展中起着重要作用。

3）电瓷适用于高压输、配电场合，经过多年研究，又发展了高机械强度、耐高温和高介电常数等品种。

（2）有机固体绝缘　有机固体绝缘以天然材料为主，如纸、棉布、绸、橡胶、可以固化的植物油等。这些材料都具有柔顺性，能满足应用工艺要求，又易于获得。最早采用胶木作为绝缘材料，稍后出现了聚乙烯、聚苯乙烯，由于它们的介电常数和介质损耗特别小，从而满足了高频的要求，适应了新技术的发展。有机硅树脂结合少碱玻璃布，大大提高了电机、电器的耐热等级。聚乙烯缩甲醛为漆基制成的漆包线开拓了漆包线的广阔前景，替代了丝包线和纱包线。聚酯薄膜的厚度仅几十个微米，用它代替原来的纸和布，使电机、电器的技术经济指标大为提高。聚芳酰胺纤维纸和聚酯薄膜、聚酰亚胺薄膜连用使电机槽绝缘的耐热等级分别达到 F 级和 H 级。弹性体材料也有类似的发展，例如耐热的硅橡胶、耐油的丁腈橡胶以及氟橡胶等。

七、常用安全措施

◆ 引导问题

1. 安全标志有哪几类？都有何意义？都有何特点？
2. 静电产生的原因有哪些？
3. 静电有哪些危害？
4. 静电如何防范？

◆ 咨询资料

1. 安全标志

安全标志的国家标准为《安全标志及其使用导则》（GB 2894—2008）。

安全标志是用以表达特定安全信息的标志，由图形符号、安全色、几何形状（边框）或文字构成。安全标志分为禁止标志、警告标志、指令标志、提示标志、文字辅助标志、激光辐射窗口标志和说明标志。

（1）禁止标志　禁止标志是禁止人们不安全行为的图形标志。

禁止标志的基本形式是带斜杠的圆边框，如图 1-5 所示。

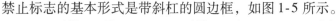

有甲、乙、丙类火灾危险物质的场所和禁止吸烟的公共场所，如：木工车间、油漆车间、沥青车间纺织厂、印染厂等	有甲、乙、丙类火灾危险物质的场所，如：面粉厂、煤粉厂、焦化厂、施工工地等	具有明火设备或高温的作业场所，如：动火区，各种焊接切割、锻造浇注车间等场所	暂停使用的设备附近，如：设备检修、更换零件等
禁止吸烟	禁止烟火	禁止放置易燃物	禁止启动
有甲类火灾危险物质及其他禁止带火种的各种危险场所，如：炼油厂、乙炔站、液化石油气站、煤矿井内、林区、草原等	生产、储运、使用中有不准用水灭火的物质，如：变压器室、乙炔站、化工药品库、各种油库等	设备或线路检修时，相应开关附近	检修或专人定时操作的设备附近
禁止带火种	禁止用水灭火	禁止合闸	 禁止转动

图 1-5　禁止标志

禁止触摸的设备或物体附近,如:裸露的带电体、炽热物体,具有毒性、腐蚀性的物体等处
禁止触摸

 禁止跨越的危险地段,如:专用的运输通道、带式输送机和其他作业流水线、作业现场的沟、坎、坑等
禁止跨越

易造成事故或对人员有伤害的场所,如:高压设备室、各种污染源等入口处
禁止入内

 对人员具有直接危害的场所,如:粉碎场地,危险路口、桥口等处
禁止停留

 不允许攀爬的危险地点,如:有坍塌危险的建筑物、构筑物、设备旁
禁止攀登

 不允许跳下的危险地点,如:深沟、深池、车站站台及盛装过有毒物质、易产生窒息气体的槽车贮罐、地窖等处
禁止跳下

 有危险的作业区,如:起重、爆破现场,道路施工工地等
禁止通行

 不允许靠近的危险区域,如:高压试验区、高压线、输变电设备的附近
禁止靠近

乘人易造成伤害的设施,如:室外运输吊篮、外操作载货电梯框架等
禁止乘人

  消防器材存放处,消防通道及车间主通道等
禁止堆放

 有静电火花会导致灾害或有炽热物质的作业场所,如:冶炼、焊接及有易燃易爆物质的场所等
禁止穿化纤服装

 有静电火花会导致灾害或有触电危险的作业场所,如:有易燃易爆气体或粉尘的车间及带电作业场所
禁止穿带钉鞋

 抛物易伤人的地点,如:高处作业现场、深沟(坑)等
禁止抛物

 戴手套易造成手部伤害的作业地点,如:旋转的机械加工设备附近
禁止戴手套

 禁止饮用水的开关处,如:循环水、工业用水、污染水等
禁止饮用

 禁止叉车和其他厂内机动车辆通行的场所
禁止叉车和厂内机动车辆通行

 易于倾倒的装置或设备,如车站屏蔽门等
禁止推动

 易于造成头手伤害的部位,如公交车窗、火车车窗等
禁止伸出窗外

 不能倚靠的地点或部位,如:列车车门、车站屏蔽门、电梯轿门等
禁止倚靠

 易于夹住身体部位的装置或场所,如:有开口的传动机、破碎机等
禁止伸入

 火灾、爆炸场所以及可能产生电磁干扰的场所,如:加油站、飞行中的航天器、油库、化工装置区等
禁止开启无线移动通信设备

 易受到金属物品干扰的微波和电磁场所,如:磁共振室等
禁止携带金属物或手表

图 1-5 禁止标志(续)

(2) 警告标志 警告标志的基本含义是提醒人们对周围环境引起注意,以避免可能发生危险的图形标志。

警告标志的基本形式是正三角形边框,如图 1-6 所示。

标志	说明	标志	说明	标志	说明	标志	说明
注意安全	易造成人员伤害的场所及设备等	当心火灾	易发生火灾的危险场所，如：可燃性物质的生产、储运、使用等地点	当心中毒	剧毒品及有毒物质（GB 12268—2012中第6类第1项所规定的物质）的生产、储运及使用地点	当心感染	易发生感染的场所，如：医院传染病区，有害生物制品的生产、储运、使用等地点
当心爆炸	易发生爆炸危险的场所，如：易燃易爆物质的生产、储运、使用或受压容器等地点	当心腐蚀	有腐蚀性物质（GB 12268—2012中第8类所规定的物质）的作业地点	当心触电	有可能发生触电危险的电器设备和线路，如：配电室、开关等	当心电缆	在暴露的电缆或地面下有电缆处施工的地点
当心机械伤人	易发生机械卷入、轧压、碾压、剪切等机械伤害的作业地点	当心伤手	易造成手部伤害的作业地点，如：玻璃制品、木制品加工、机械加工车间等	当心坠落	易发生坠落事故的作业地点，如：脚手架、高处平台、地面的深沟(池、槽)等	当心落物	易发生落物危险的地点，如：高处作业、立体交叉作业的下方等
当心扎脚	易造成脚部伤害的作业地点，如：铸造车间、木工车间、施工工地及有尖角散料等处	当心吊物	有吊装设备作业的场所，如：施工工地、港口、码头、仓库、车间等	当心坑洞	具有坑洞易造成伤害的作业地点，如：构件的预留孔洞及各种深坑的上方等	 当心烫伤	具有热源易造成伤害的作业地点，如：冶炼、锻造、铸造、热处理车间等
当心弧光	由于弧光造成眼部伤害的各种焊接作业场所	当心塌方	有塌方危险的地段、地区，如：堤坝及土方作业的深坑、深槽等	当心电离辐射	能产生电离辐射危害的作业场所，如：生产、储运、使用GB 12268—2012规定的第7类物质的作业区	当心裂变物质	具有裂变物质的作业场所，如：其使用车间、储运仓库、容器等
当心冒顶	具有冒顶危险的作业场所，如：矿井、隧道等	当心激光	有激光产品和生产、使用、维修激光产品的场所	 当心微波	凡微波场强超过规定的作业场所	当心车辆	厂内车、人混合行走的路段，道路的拐角处、平交路口；车辆出入较多的厂房、车库等出入口
当心火车	厂内铁路与道路平交路口，厂(矿)内铁路运输线等	当心磁场	有磁场的区域或场所，如：高压变压器、电磁测量仪器附近等	 当心自动启动	配有自动启动装置的设备		

图1-6 警告标志

有生产碰头的场所
当心磕头

有产生挤压的装置、设备或场所，如：自动门、电梯门、车站屏蔽门等
当心挤压

图 1-6 警告标志（续）

（3）指令标志 指令标志是强制人们必须做出某种动作或采用防范措施的图形标志。指令标志的基本形式是圆形边框，如图 1-7 所示。

对眼睛有伤害的各种作业场所和施工场所
必须戴防护眼镜

具有对人体有害的气体、气溶胶、烟尘等作业场所，如：有毒物散发的地点或处理由毒物造成的事故现场
必须戴防毒面具

头部易受外力伤害的作业场所，如：矿山、建筑工地、伐木场、造船厂及起重吊装处等
必须戴安全帽

易造成人体碾绕伤害或有粉尘污染头部的作业场所，如：纺织、石棉、玻璃纤维以及具有旋转设备的机加工车间等
必须戴防护帽

具有粉尘的作业场所，如：纺织清花车间、粉状物料拌料车间以及矿山凿岩处等
必须戴防尘口罩

噪声超过85dB 的作业场所，如：铆接车间、织布车间、射击、工程爆破、风动掘进等处
必须戴护耳器

易伤害手部的作业场所，如：具有腐蚀、污染、灼烫、冰冻及触电危险的作业等地点
必须戴防护手套

易伤害脚部的作业场所，如：具有腐蚀、灼烫、触电、砸（刺）伤等危险的作业地点
必须穿防护鞋

易发生坠落危险的作业场所，如：高处建筑、修理、安装等地点
必须系安全带

易发生溺水的作业场所，如：船舶、海上工程结构物等
必须穿救生衣

具有放射、微波、高温及其他需穿防护服的作业场所
必须穿防护服

剧毒品、危险品库房等地点
必须加锁

存在紫外、红外、激光等光辐射的场所，如电气焊等
必须配戴遮光护目镜

防雷、防静电场所
必须接地

在设备维修、故障、长期停用、无人值守状态下
必须拔出插头

图 1-7 指令标志

（4）提示标志 提示标志是向人们提供某种信息（如标明安全设施或场所等）的图形标志。

提示标志的基本形式是正方形边框，如图 1-8 所示。

图1-8 提示标志

（5）提示标志的方向辅助标志 如图1-9所示。

（6）文字辅助标志 文字辅助标志的基本形式是矩形边框。文字辅助标志有横写和竖写两种形式。横写时，文字辅助标志写在标志的下方，可以和标志连在一起，也可以分开，如图1-10所示。竖写时，文字辅助标志写在标志杆的上部，如图1-11所示。

图1-9 方向辅助标志

图1-10 横写的文字辅助标志

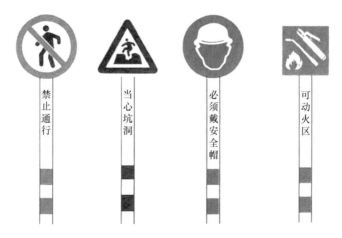

图1-11 竖写在标志杆上部的文字辅助标志

2. 标志牌的设置高度

标志牌设置的高度，应尽量与人眼的视线高度相一致。悬挂式和柱式的环境信息标志牌的下缘距地面的高度不宜小于2m；局部信息标志的设置高度应视具体情况确定。

3. 安全标志牌的使用要求

1）标志牌应设在与安全有关的醒目地方，并使大家看见后，有足够的时间来注意它所表示的内容。环境信息标志宜设在有关场所的入口处和醒目处；局部信息标志应设在所涉及的相应危险地点或设备（部件）附近的醒目处。

2）标志牌不应设在门、窗、架等可移动的物体上，以免标志牌随母体物体相应移动，影响认读。标志牌前不得放置妨碍认读的障碍物。

3）标志牌的平面与视线夹角应接近90°，观察者位于最大观察距离时，最小夹角不低于75°。

4）标志牌应设置在明亮的环境中。

5）多个标志牌在一起设置时，应按警告、禁止、指令、提示类型的顺序，先左后右、先上后下地排列。

6）标志牌的固定方式分附着式、悬挂式和柱式三种。悬挂式和附着式的固定应稳固不倾斜，柱式的标志牌和支架应牢固地连接在一起。

八、触电急救

◆ **引导问题**

1. 如果发现有人在居民住宅触电（触电形式见图1-12），这是哪种触电类型？使其尽快脱离电源的方法有哪些？

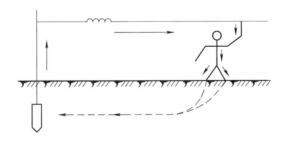

图1-12 居民触电

2. 对脱离电源后的触电者应采取哪些措施？

3. 请说明图1-13所示是什么急救方法？触电者在什么身体状况下采取这种触电急救方式？

4. 请说明图1-14所示是什么急救方法？触电者在什么身体状况下采取这种触电急救方式？

图1-13 触电急救方式一

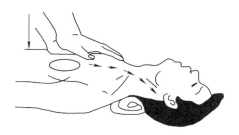
图1-14 触电急救方式二

◆ **咨询资料**

1. 触电电源处理

人触电后，由于产生痉挛和失去知觉而抓住带电体不能解脱，因此正确的触电紧急救护工作是使触电人尽快脱离电源，切勿直接碰触触电人。

（1）低压触电时脱离电源　低压触电时，应立即断开近处的电源开关（或拔去电源插头）。如果不能立即断开，救护人员可用干燥的手套、衣服等作为绝缘物使触电者脱离电源。如果触电者因抽筋而紧握电线，则可用木柄斧、铲或胶把钳把电线弄断。

（2）高压触电时脱离电源　高压触电时，应立即通知电工断开电源侧高压开关。

2. 触电人员处理

（1）触电者脱离电源后的检查　在触电者脱离电源后，应立即对其进行检查，若触电者已经失去知觉，则要着重检查触电者的双目瞳孔是否已经放大，呼吸是否已经停止，心脏跳动情况如何等。在检查时应使触电者仰面平卧，松开其衣服和腰带，打开窗户加强空气流通，但要注意触电者的保暖，并及时通知医院前来抢救。

（2）根据触电人员的身体情况选择急救的方法

1）触电人员若神志清醒，应使其就地躺平，严密观察，暂时不要使其站立或走动。

2）触电人员若神志不清或呼吸困难，应就地仰面躺平，确保其气道通畅，迅速测心跳情况，禁止摇动伤员头部呼叫伤员，要严密观察触电伤员的呼吸和心跳情况，并立即联系医疗部门接替救治。

3）触电人员如已丧失意识，应在10s内用看、听、试的方法，判定其呼吸、心跳情况。若呼吸已停止，应立即在现场进行口对口呼吸；若呼吸、心跳均已停止，应立即在现场采用心肺复苏法抢救。在运送触电人员的途中，要继续在车上对其进行心肺复苏抢救。

看：触电人员的胸部、腹部有无起伏动作。

听：用耳贴近触电人员的口鼻处，听有无呼气声音。

试：测试口鼻有无呼气的气流，再用两手指轻试一侧（左或右）喉结旁凹陷处的颈动脉有无搏动。

（3）心肺复苏的方法

1）通畅气道。如发现触电人员口内有异物，可将其身体及头部同时侧转，迅速用一个手指或用两手指交叉从口角处插入，取出异物，操作中要注意防止将异物推到咽喉深部，如图1-15a、b所示。

2）通畅气道后可采用仰头抬颌法，如图1-15c所示。用左手放在触电者前额，另一只手的手指将其下颌骨向上抬起，两手协同将头部推向后仰，使触电者鼻孔朝上，舌根随之抬起,气道即可通畅。严禁用枕头或其他物品垫在触电者头下。头部抬高、前倾或头部平躺会加重气道阻塞,并且使胸处按压时流向脑部的血流减少。

3) 口对口(鼻)人工呼吸如图1-15d所示。

① 在保持触电者气道通畅的同时,救护人员用放在触电者额上的手指捏住触电者的鼻翼,深吸气后,与触电者口对口贴紧,在不漏气的情况下,先连续大口吹气两次,每次吹气为1~1.5s(放3.5~4s,每5s一次)。两次吹气后速测颈动脉,如无搏动,可判为心跳已经停止,要立即同时进行胸外心脏按压。

② 除开始时大口吹气两次外,正常口对口(鼻)呼吸吹气量不需过大,以免引起胃膨胀。吹气和放松时要注意触电者胸部,应有起伏的呼吸动作。吹气时如有较大阻力,可能是头部后仰不够,应及时纠正。

③ 触电者如牙关紧闭,可进行口对鼻人工呼吸。口对鼻人工呼吸吹气时,要将触电者嘴唇紧闭,防止漏气。

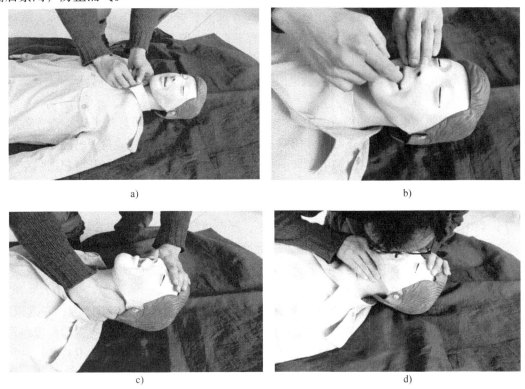

图1-15 人工呼吸救护法

4) 胸外心脏按压。

① 正确的按压位置是保证胸外心脏按压效果的重要前提。确定正确按压位置的步骤为:救护人员双腿迅速地跪在触电者右侧的肩膀旁,右手的食指和中指并拢沿触电者两侧最下面的肋弓下缘向上,找到肋骨接合处的中点。两手指并齐,中指放在切迹中点(剑突底部)。左手的掌根(即大拇指最后的一节1/3处)紧挨右手食指上缘,左手置于胸骨上,此处即为正确按压位置。

② 使触电者仰面躺在平硬的地方,救护人员跪在触电者右侧肩位旁,两臂伸直,肘关

节固定不屈，两手掌根相叠，手指翘起，不接触触电者胸壁。以髋关节为支点，利用上身的重力，垂直将触电者胸骨压陷3～5cm（儿童和瘦弱者酌减）。压至要求程度后，立即全部放松，但放松时救护人员的掌根不得离开胸壁。按压必须有效，有效的标志是如有两名抢救者，在一人按压过程中另一人可以触摸到触电者颈动脉搏动。

③ 操作频率。胸外心脏按压要匀速进行，每分钟80～100次，每次按压和放松的时间相等。胸外心脏按压与口对口（鼻）人工呼吸要同时进行，单人抢救时每按压15次后吹气2次（15:2），反复进行。双人抢救时，每按压5次后由另一人吹气1次（5:1），反复进行。

5）抢救过程中的判定。

① 按压吹气5min后（相当于单人抢救时做了4个15:2压吹循环），用看、听、试法，在5～7s的时间内完成对触电者呼吸和心跳是否恢复的判定。

② 若判定颈动脉已有搏动但无呼吸，则暂停胸外心脏按压，再进行口对口（鼻）人工呼吸。口对口（鼻）人工呼吸，每5s完成一次（即每分钟12次）。如脉搏和呼吸均未恢复，则继续坚持心肺复苏法抢救。

③ 在抢救过程中，要每隔数分钟再判定一次，每次判定时间均不得超过5s。在医生未接替抢救前，现场抢救人员不得放弃抢救。现场触电抢救时，要慎用肾上腺素等药物，若没有必要的诊断设备条件和足够的把握，不得乱用。在医院内抢救触电者时，由医务人员经医疗仪器设备诊断，根据诊断结果决定是否采用。

当触电者脱离电源后，不要将其随便移动，应使触电者仰卧，并迅速解开触电者的衣服、腰带等，保证其正常呼吸，疏散围观者，保证周围空气畅通，同时拨打急救电话。做好以上准备工作后，就可以根据触电者的情况，做相应的救护。

3. 触电急救注意事项

1）在抢救过程中如果触电者身体僵冷，医生也证明无法救治，这时才可以放弃治疗。反之，如果触电者瞳孔变小，则说明抢救收到了效果，应继续救治。

2）在抢救的过程中要不断观察触电者的面部动作，嘴唇稍有开合，眼皮微微活动，喉部有吞咽动作时，说明触电者已有呼吸，即可停止人工呼吸或胸外心脏按压法。如果触电者仍没有呼吸，则需要同时利用人工呼吸和胸外心脏按压法进行治疗。

3）如果在触电的同时触电者的身体上也伴有不同程度的电伤，应及时进行包扎治疗。

4）在患者救活后送医院前应将电灼伤的部位用盐水棉球洗净，用凡士林或油纱布（或干净手巾等）包扎好并附加固定。

5）对于高压触电来说，触电时的电热温度高达数千度，往往会造成严重的烧伤，为了减少伤口感染并确保及时治疗，最好用酒精先擦洗伤口再包扎。

6）火灾事故的应急处理。当电气设备发生火灾时，为了争取时间，在其他人员去关闭总断路器时，就应进行灭火处理。

7）带电灭火最好选择黄沙、二氧化碳、干粉等灭火器。

8）不可以用泡沫灭火器灭火，以免损坏电气设备或发生触电事故。

9）用水灭火时，为防止触电事故发生应戴绝缘手套和穿绝缘鞋，同时注意保持安全距离。

10）对空中线路进行灭火时，人体位置与带电体之间的仰角不应超过45°，以防导线或其他设备掉落危及人身安全。

11）火灭以后，由于不能确定总断路器是否关闭，因此不能随意接近水渍区域。

学习活动三　任务实施

一、触电急救方法训练

参阅以上知识，在教师的演示、指导下，学生进行触电急救方法训练并将触电急救训练过程记录在表1-10中。

表1-10　急救训练表格

学生姓名＿＿＿＿＿＿＿＿

训练内容	第一次合格率	第二次合格率	第三次合格率	第四次合格率	考核记录
口对口（鼻）人工呼吸法					
胸外心脏按压法					
单人急救法					
两人同时配合抢救法					

二、引导问题

1. 抢救触电者的过程能中断吗？
2. 高压触电者应如何抢救？
3. 对触电者及断落在地上的带电高压导线（尚未确定线路无电），救护人员应如何处理？

三、实施指导

1）触电者脱离电源后，视触电者状态确定正确急救方法。

2）不要让触电者躺在潮湿冰凉的地面上，要保持触电者的身体余温，防止血液凝固。

3）触电急救必须争分夺秒，应立即在现场用心肺复苏法进行抢救，抢救不准中断，只有医务人员接替救治后方可中止。在抢救时不要为了方便而随意移动伤员，如确有必要移动时，抢救中断时间不应超过30s。移动或送医院的途中必须保证触电者平躺在车上，必须保证呼吸道的通畅，不准将触电者半靠或坐在轿车里送往医院。如呼吸或心脏停止跳动，应在运往医院途中的车上继续进行心肺复苏法抢救，不得中断。

4）心肺复苏法的实施要迅速准确，吹气时要保证将气吹到触电者的肺中（吹气要观察触电者胸部有无隆起），胸外按压心脏时要保证压在触电者心脏准确位置。每胸外心脏按压一次，触电者颈动脉应搏动一次，如无搏动，证明没按压在心脏上，应立即调整位置。

5）高压触电救护时，应在确保救护人安全的情况下，因地制宜采取相应救护措施。例如：触电者触及高压带电设备时，救护人员应迅速切断电源，或用适合该电压等级的绝缘工具（戴绝缘手套、穿绝缘靴并用绝缘棒）解脱触电者。救护人员在抢救过程中应注意保持自身与周围带电部分必要的安全距离。

6）触电发生在架空线杆塔上，如低压带电线路，若能立即切断线路电源，则应迅速切断线路电源，或者救护人员迅速登杆，系好安全带后，用带绝缘胶柄的钢丝钳、干燥的不导电物体或绝缘物体将触电者拉离电源。高压触电者不能脱离电源的,必须由电力部门从事高压带电作业的人员进行抢救。无论在何级电压线路上触电,救护人员在使触电者脱离电源时,都要注意防止发生高处坠落的可能和再次触及其他有电线路的可能。

7) 触电者触及断落在地上的带电高压导线,当尚未确定线路无电时,救护人员在没有采取安全措施前,不能接近断线点前 8~10m 范围内,防止跨步电压伤人。触电者脱离带电导线后,亦应迅速将其带至 8~10m 以外后立即进行触电急救。只有在确定线路已经无电后,才可在触电者离开触电导线后,立即就地进行急救。

8) 救护触电者时,在切除电源的同时会使照明停电,在此情况下先使用心肺复苏法进行抢救,其他人员立即解决事故照明、应急灯等临时照明。新的照明要符合使用场所防火、防爆的要求。

四、评价要点

(一) 训练

各组推荐一至两名学生进行触电急救展示,并将数据填入表 1-11 中。

表 1-11 统计表格

项目内容	配分	评分标准	扣分	得分
模拟假人准备情况	30 分	清除口腔污物,打开气道,解开衣领,解开腰带,两人配合分工,错一件扣 5 分		
操作	70 分	(1) 口对口(鼻)人工呼吸法错误率高于 60%,时间间隔不正确,扣 10 分 (2) 胸外心脏按压法错误率高于 60%,时间间隔不正确,扣 20 分 (3) 两人同时配合抢救法配合不默契,扣 10 分 (4) 给定时间内没完成,按完成情况酌情给分,最多不超过 10 分		
合计	100 分			

(二) 教师点评

1. 找出各组的操作亮点进行点评。
2. 整个任务完成过程中对各组的问题进行针对性点评,告知改进方法。
3. 整个活动完成后,点评各组出现的亮点和不足。

学习活动四 综合评价

评价表见表 1-12。

表 1-12 评价表

评价项目	评价内容	评价标准	评价主体	
			自评	互评
职业素养	安全意识 责任意识	A. 作风严谨,遵守纪律,出色地完成任务,90~100 分 B. 能够遵守规章制度,较好地完成工作任务,75~89 分 C. 遵守规章制度,没完成工作任务,60~74 分 D. 不遵守规章制度,没完成工作任务,0~59 分		

(续)

评价项目	评价内容	评价标准	评价主体	
			自评	互评
职业素养	学习态度	A. 积极参与学习活动,全勤,90~100分 B. 缺勤达到任务总学时的10%,75~89分 C. 缺勤达到任务总学时的20%,60~74分 D. 缺勤达到任务总学时的30%,0~59分		
	团队合作	A. 与同学协作融洽,团队合作意识强,90~100分 B. 与同学能沟通,协同工作能力较强,75~89分 C. 与同学能沟通,协同工作能力一般,60~74分 D. 与同学沟通困难,协同工作能力较差,0~59分		
专业能力	学习活动二 学习相关知识	A. 学习活动评价成绩为90~100分 B. 学习活动评价成绩75~89分 C. 学习活动评价成绩60~74分 D. 学习活动评价成绩为0~59分		
	学习活动三 任务实施	A. 学习活动评价成绩90~100分 B. 学习活动评价成绩75~89分 C. 学习活动评价成绩60~74分 D. 学习活动评价成绩为0~59分		
创新能力		学习过程中提出具有创新性、可行性的建议	加分	
班级		姓名	综合评价等级	

 复习思考题

一、填空题

1. 学生上课前必须进行（　　　　），经考试合格后方可进入（　　　　）。
2. 操作设备要在上课教师指导下,按照（　　　　）进行操作,待个人技能（　　　　），经教师同意后,方可独立操作。
3. 学生进入一体化教室,女同学要（　　　）长发,并戴（　　　　）。

二、判断题

（　）1. 缺乏电气安全知识可引发触电。
（　）2. 决定触电伤害程度的因素主要有两个：触电电流的大小和触电时间的长短。
（　）3. 电流超过30mA就不会有致命的危险。

三、单项选择题

1. 发电厂产生的电能电压为（　　）kV。
A. 5~10　　　　　　B. 3.15~15.75　　　　　　C. 15.25~54.25
2. 在检查高压设备接地故障时,室内不得接近故障点4m以内,室外不得接近故障点（　　）m以内。

A. 6　　　　　　　B. 8　　　　　　　C. 10

3. 电流超过（　　）mA 就会有致命的危险。

A. 30　　　　　　B. 60　　　　　　C. 90

四、问答题

1. 触电双人急救时，按压与吹气频率是多少？

2. A、B、C、D 类火灾都是什么？每种举一个例子。

3. 电气设备发生火灾时我们应怎么做？

学习任务二

导线的连接与绝缘恢复

学习目标：

1. 掌握单股导线的连接方法和技术要求。
2. 掌握导线的绝缘层剥削方法和相应工具的选择与使用。
3. 掌握多股导线的连接方法和技术要求。
4. 掌握导线绝缘恢复的方法。
5. 掌握导线连接的方法。
6. 提高团队协作能力和沟通能力。

学习活动一　明确工作任务

一、工作情境描述

维修电工在电气设备安装或检修时都涉及导线的敷设，往往会遇到导线不够长或需要有接头的情况，这时我们要面对以下问题：如何进行既具有可靠的电气安装，又具有一定机械强度的导线连接？怎样对裸露导线进行绝缘恢复？在施工时选择哪种工具？怎样使用？因此，我们需要掌握导线的连接、绝缘恢复和施工时工具的选择和使用等。

二、引导问题

1. 工作的具体内容是什么？
2. 你知道如何使漏电的电线不漏电吗？

三、展示与评价（见表2-1）

表2-1　评价表

学生姓名＿＿＿＿＿＿＿＿＿＿

项　　目	自我评价		小组评价		教师评价	
	10~6分	5~1分	10~6分	5~1分	10~6分	5~1分
小组活动参与度						

(续)

项 目	自我评价		小组评价		教师评价	
	10~6分	5~1分	10~6分	5~1分	10~6分	5~1分
信息收集及简述情况						
引导问题1学习情况						
引导问题2学习情况						
仪容仪表符合活动要求						
总评						

四、教师点评

1. 找出各组的优点进行点评。
2. 整个任务完成过程中对各组的缺点进行点评，提出改进方法。
3. 整个活动完成后对各组出现的亮点和不足进行点评。

学习活动二　学习相关知识

一、单股导线的连接

◆ 引导问题

1. 单股铜芯导线的连接可以分为几类？
2. 直径分别在2mm以下和大于2mm的圆导线接头如何连接？
3. 单股电力线的连接可以分为几类？
4. 单股铜芯导线的"一"字连接方法和"T"字连接方法都是怎样的？
5. 螺钉压接法适用于什么场合？具体过程是什么？如何使用压线帽、压接钳？
6. 羊眼圈弯曲方向是怎样的？为什么是这个方向？

◆ 咨询资料

1. 室内用导线与电缆的常用加工方法

（1）细导线接线头的剥离　细导线是指内部线芯比较细的导线，如橡胶软线（橡胶电缆），这种导线的绝缘层由多层组成：外层的橡胶绝缘护套和芯线的绝缘层。另外，橡胶软线中的线芯外通常还包覆一层麻线，使这种导线的抗拉性能增强，多用于电源引线。

细导线接线头的剥离方法：

① 首先用电工刀从橡胶软线端头任意两芯线缝隙中割破部分橡胶绝缘护套层。
② 把已分成两半的护套层分拉，撕破护套层到一定长度。
③ 扳翻已被分割的橡胶绝缘护套层，在根部分别切断。
④ 将包覆芯线的麻线在橡胶绝缘护套层切口根部扣结。注意：该步骤中的麻线一般不应剪掉，扣结加固后能有效增强导线的抗拉性能。
⑤ 用钢丝钳或剥线钳将露出的芯线绝缘层一一剥落。

在剥削外层的橡胶绝缘护套时，要注意用力方向和力度，不要划伤里层的芯线。同样，在剥削芯线的绝缘层时，也要注意不要损伤线芯。

（2）粗导线接线头的剥离　粗导线一般指的是硬铜线，绝缘层内部是独根的铜导线，可使用钢丝钳、剥线钳或电工刀对其接头进行剥离。

1）线芯截面积为 4mm² 及以下的塑料硬线的绝缘层，一般用钢丝钳、剥线钳或电工刀进行剥削。在剥削导线的绝缘层时，一定不能损伤线芯，并且根据实际的应用，决定剥削导线线头的长度。

线芯截面积为 4mm² 及以下的塑料硬线绝缘层的剥离方法：

① 用左手捏住导线，在需剥削线头处，用钢丝钳刀口轻轻切破绝缘层。

② 用左手拉紧导线，右手握住钢丝钳，用钳头钳住要去掉的绝缘层部分。

③ 用力向外拔去绝缘层。

在剥去绝缘层时，不可在钢丝钳刀处加剪切力，否则会切伤线芯。剥削出的线芯应保持完好无损，若有损伤，应重新剥削。

2）线芯截面积为 4mm² 及以上的塑料硬线的绝缘层，通常用电工刀或剥线钳进行剥削，在剥削导线的绝缘层时，根据实际的应用，决定剥削导线线头的长度。

（3）较细多股线绝缘层的剥离　较细多股线又称为护套线，线芯多由多股铜丝组成，不使用电工刀剥削绝缘层，实际操作中多使用钢丝钳、斜口钳和剥线钳进行剥削。

在剥削塑料软线的绝缘层时，由于芯线较细、较多，各个步骤的操作都需小心谨慎，一定不能损伤或弄断芯线，否则就要重新剥削，以免在连接时影响连接质量。

1）用钢丝钳剥离较细多股线

① 在线头所需长度处，用钢丝钳对准护套线中间线芯缝隙处剥开护套层，若偏离线芯缝隙，可能会划伤线芯。

② 向后扳翻护套层。

③ 用电工刀把护套层齐根切去。

④ 在距离护套层 5~10mm 处，用钢丝钳钳住绝缘层。

⑤ 向外用力，剥下一根导线的绝缘层。

2）用斜口钳剥削塑料软线绝缘层的方法，与用钢丝钳剥削塑料硬线绝缘层的方法相同，这里不再重复介绍。

3）用剥线钳剥离较细多股线。

① 左手握住并稳定导线，右手握住剥线钳的手柄，并轻轻用力，切断导线需剥削处的绝缘层。

② 继续用力直到将绝缘层剥下。

③ 剥削完成的导线接头，线芯不能有损伤。

2. 电力线的连接

（1）铜芯导线的连接

1）单股铜芯导线的直接连接。先把两线端 X 形相交，如图 2-1a 所示；互相绞合 2~3 圈，如图 2-1b 所示；然后扳直两线端，将每边线端在线芯上紧贴并绕 6 圈，如图 2-1c 所示；将多余的线端剪去，并钳平切口毛刺，如图 2-1d 所示。

2）单股铜芯导线的 T 字分支连接。连接时要把支线芯线头与干线芯线十字相交，使支线芯线根部留出 3~5mm，如图 2-2a 所示。较小截面积的芯线按图 2-2a 所示的方法环绕成结状，再把支线线头抽紧扳直，然后紧密地并缠 6~8 圈，剪去多余芯线，钳平切口毛刺，如图 2-2b 所示。较大截面积的芯线绕成结状后不易扳平，可在十字相交后直接并缠 8 圈，缠绕必须紧密牢固。

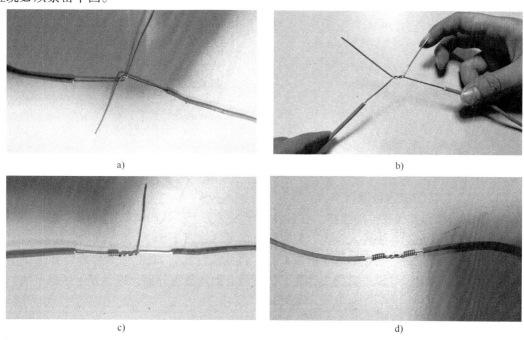

图 2-1　单股铜芯导线的直接连接

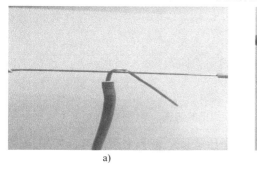

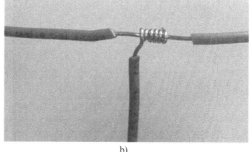

图 2-2　单股铜芯导线的 T 字分支连接

（2）铝芯导线的连接

1）螺钉压接法连接。此法适用于负荷较小的单股芯线连接。在线路上可通过开关、灯头和瓷接头上的接线桩螺钉进行连接。操作时先将线头表面的氧化层刮去，涂上中性凡士林膏，再将导线卷上 2~3 圈（以备断裂后再次连接），然后把线端插入接头的线孔内并旋紧压线螺钉，如图 2-3 所示。

2）钳接管压接法连接。此法适用于户内

图 2-3　螺钉压接法连接

外较大负荷的多根芯线的连接。压接方法是：选用适应导线规格的钳接管（压接管），清除掉钳接管内孔和线头表面的氧化层，按图2-4所示方法和要求，把两线头插入钳接管，用压接钳进行压接。若是钢芯铝绞线，两线之间则应衬垫一条铝质垫片。

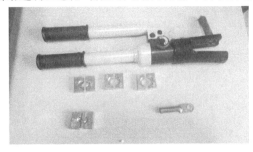 

图2-4　钳接管压接法连接

（3）线头与接线桩的连接

1）线头与针孔式接线桩的连接。在针孔式接线桩头上接线时，如果单股芯线与接线桩插孔大小适宜，只要把芯线插入针孔，旋紧螺钉即可，如图2-5a所示。

如果单股芯线较细，则要把芯线折成双根，再插入针孔，如图2-5b所示。如果是多细丝的软线芯线，必须先绞紧，再插入针孔，切不可有细丝露在外面，以免发生短路事故。

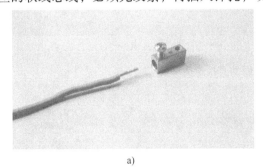 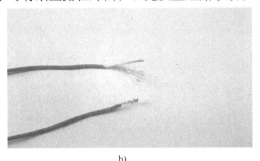

a)　　　　　　　　　　　　　　　　b)

图2-5　线头与针孔式接线桩的连接

2）线头与螺钉平压式接线桩的连接。在螺钉平压式接线桩头上接线时，如果是较小截面积的单股芯线，则必须把线头弯成羊眼圈，羊眼圈弯曲的方向应与螺钉拧紧的方向一致，如图2-6所示。较大截面积的单股芯线与螺钉平压式接线桩头连接时，线头须装上接线耳，接线耳与接线桩连接。

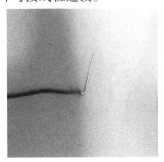 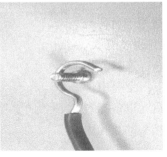 

图2-6　单股芯线羊眼圈弯法

二、认识电工常用工具

◆ **引导问题**

1. 借助多媒体或网络设备及相关资料，完成以下空白工作页：

（1）电工刀是用来剥削_____、切割_____的工具。

（2）使用电工刀时，应将刀口朝____剥削，剥削导线绝缘层时，应使刀面与导线成较____的锐角，以免割伤导线。

（3）钢丝钳有铁柄和绝缘柄两种，绝缘柄为电工用钢丝钳，常用的规格有_____、_____、_____3种。

（4）尖嘴钳因其头部尖细，适用于在狭小的工作空间操作。尖嘴钳也有_____柄和绝缘柄两种，绝缘柄的耐压为_____V。

（5）尖嘴钳的用途有哪些？

（6）斜口钳钳柄有铁柄、管柄和绝缘柄3种形式，其耐压为____V。其特点是剪切口与钳柄成一定角度。对____不同、____不同的材料，应选用大小合适的斜口钳。

（7）简单描述斜口钳的功能。

（8）剥线钳是专用于剥削较细小导线_____的工具。它的手柄是绝缘的，耐压为_____V。使用剥线钳剥削导线绝缘层时，先将要剥削的绝缘层长度用标尺定好，然后将_____放入相应的刀口中（比导线直径稍大），再用手将钳柄一握，导线的绝缘层即被剥离，并自动弹出。

（9）剥线钳使用方便，剥离绝缘层不伤线芯，适用芯线截面积为_____ mm^2 以下的绝缘导线。

2. 观察你从仓库领取的电工工具，对照图2-7，填写工具的名称。

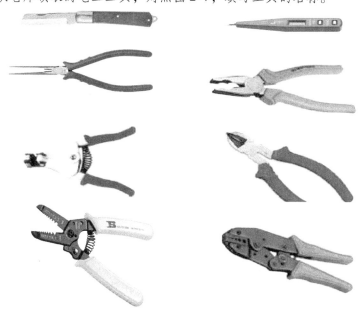

图2-7 基本的电工工具

3. 从图 2-8 中你能模仿出钢丝钳的正确使用方法吗？请大家动手试试。

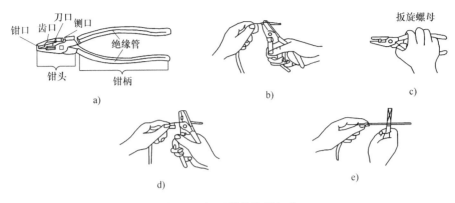

图 2-8　钢丝钳的使用方法

4. 观察你所领取的螺钉旋具，描述它的规格、正确使用方法及注意事项。

5. 低压验电器的用途是什么？形式有哪些？判断图 2-9 中验电器使用方法的正确性，在正确的下面打"√"。

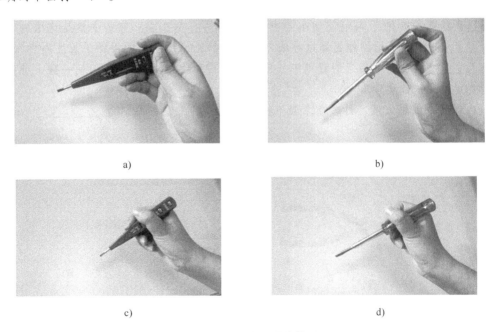

图 2-9　低压验电器的使用

◆ **咨询资料**

1. 常用安装工具及其使用方法

（1）电锤　电锤是一种具有旋转带冲击力钻头的电动工具，实际上就是一种较大功率的冲击钻，它的冲击力大，主要用于安装电气设备时在建筑物的混凝土柱、板上钻孔；同时，电锤也可用于线路安装敷设，在敷设管道时穿墙凿孔。其外形结构如图 2-10 所示。电锤的使用如图 2-11 所示。

学习任务二　导线的连接与绝缘恢复

图 2-10　电锤的外形结构

图 2-11　电锤的使用

通过墙面进行敷线时，需要使用电锤进行打孔。在使用前，应先检查电锤电源线是否磨损露线，再用 500V 绝缘电阻表对电锤电源线进行摇测，只有在测得它的绝缘电阻超过 0.5MΩ 时才能通电运行。检查完毕后，首先将电锤通电空转 1min，以确定转动部分是否灵活、有无异常噪声等，在确定其正常后才能够使用。使用电锤进行作业时，先握住两个手柄，将钻头垂直顶在墙面上，按下起动开关。对墙面钻孔时不要用力过大，稍加用力即可。

在使用电锤工作过程中，需要经常拔出钻头排屑，以防止钻头扭断或崩头，还应保证内部活塞和活塞之间润滑良好，因为其工作时为高速带负荷运转，一般情况下每工作 4h 就要注入一次润滑油，以保证电锤正常工作。在更换钻头或给钻头排屑时，必须断开电源，以免伤及人身。

（2）冲击钻　冲击钻也是电动工具之一，其外形结构及钻头如图 2-12 所示。冲击钻有两种功能：一种是开关调至标记"钻"的位置时可作为普通电钻使用；另一种是当开关调至标记"锤"的位置时，可用来在砖或混凝土建筑物上钻孔。

图 2-12　冲击钻的外形结构及钻头

1）需要使用冲击钻打眼、安装吊灯底座时，应选用合适的冲击钻钻头进行安装，并将冲击钻的模式调整为锤钻模式。

2）当冲击钻的模式选择好以后，先按下电源开关，使其开机空转 1min 以检查冲击钻的灵活性。使冲击钻对准天花板需要打孔的位置，按下冲击钻的电源开关。一直按住电源开关，或在按下电源开关的同时按下锁定开关，冲击钻可以一直工作。此时若再按一次电源开关，则锁定开关自动弹起，冲击钻停止工作。

使用冲击钻打孔时，虽不要求戴手套或穿绝缘鞋，但应定期对冲击钻进行安全检查。在混凝土或砖结构的建筑物上打孔时，应使用镶有硬质合金的冲击钻头。混凝土建筑物中带有钢筋时，要尽量避开，以免发生意外事故。工作完成后要卸下钻头，对钻头进行清洁。冲击钻工作时间不宜过长，否则会出现电动机和钻头过热现象。当冲击钻电动机和钻头过热时，应暂停工作,等一段时间待其冷却后再工作。

(3) 电工用凿　电工用凿按不同的用途分为大扁凿、小扁凿、圆榫凿和长凿等。大扁凿常用来凿打砖或木结构建筑物上较大的安装孔;小扁凿常用来凿打砖结构建筑物上较小的安装孔;圆榫凿常用来凿打混凝土建筑物上的安装孔;长凿则主要用来凿打较厚的墙壁和打穿墙孔。电工用凿按使用对象不同分为冷凿和木凿两种,冷凿用于金属材料的加工,木凿用于木质材料的加工。

在线路暗敷时,需要对墙面进行开槽,需要使用扁凿对墙面进行处理。在安装接线盒时,同样需要使用电工用凿来进行开槽。当使用电工用凿时,不要使其与墙面成直角,应有一定的倾斜角度,使用锤子敲打电工用凿的尾端。还有一种电工用凿是与冲击钻配合使用的,与使用冲击钻的方式相同,工作时要一直按住电源开关,或在按下电源开关的同时按下锁定开关,电工用凿可以一直工作。此时若再按一次电源开关,则锁定开关自动弹起,电工用凿停止工作。但在对混凝土建筑物的墙面进行开槽时,应当在工作一小段时间后,停止一段时间再工作,以防止电工用凿前段损坏或断裂。

(4) 锤子　锤子是敲打物体使其移动或变形的工具。锤子通常可以分为两种形状:一种为两端相同的圆形锤头;还有一种为一端平坦以便敲击,另一端的形状像羊角,可以将钉子拉出。

(5) 梯子　攀高作业常用的梯子有直梯和人字梯两种。直梯多用于户外攀高作业,人字梯常用于室内作业。

电工常常需要使用梯子,例如在室外安装配电箱、照明灯具等。在使用直梯时,对站姿的要求为:一只脚要从另一只脚所占梯步高两步的梯空中穿过。电工在使用梯子作业前应先检查梯子是否结实,有无裂痕和蛀虫(指木质材料的梯子),直梯两脚有无防滑材料。在使用人字梯时,应当双脚站在人字梯的同一节梯子上,使用时要先检查人字梯中间的防滑锁是否锁紧。

站姿是为了扩大作业活动幅度和保证不会因为用力过猛而站不稳;电工在人字梯上作业时,不允许站立在人字梯最上面的两档,不允许骑马式作业,以防从上摔伤。直梯靠墙的安全角度为60°~75°(与地面夹角),且梯子的安放位置应与带电体保持足够的安全距离。

2. 常用电工工具及其使用方法

(1) 钢丝钳　钢丝钳包括钳头和钳柄两部分,钳头又包括钳口、齿口、刀口和铡口四部分。钳口可用来弯绞导线;齿口可以紧固和松动螺母;刀口可用来切导线和剥离导线绝缘层,还可用来拔去铁钉;铡口可用来铡切较硬的金属丝,如钢丝或铅丝等。钢丝钳常用规格有150mm、175mm、200mm。

使用前,先检查钢丝钳手柄绝缘是否良好,以免带电作业时造成触电事故。在带电剪切导线时,不得用刀口同时剪切不同电位的两根线(如相线与零线、相线与相线等),以免发生短路事故。

(2) 尖嘴钳　尖嘴钳头部尖细,在接近端部的钳口上有一段棱形齿纹,适用于狭小空间的操作,用于压接导线、夹持较小螺钉和弯曲导线,其刀口还可剪断较细的导线。尖嘴钳也有铁柄和绝缘柄两种,绝缘柄的耐压为500V。目前常见的多数是带刀口的,既可夹持零件,又可剪切细金属丝。

(3) 斜口钳　斜口钳又称为断线钳,是用于剪切金属薄片及细金属丝的一种专用工具,适用于工作空间比较狭窄和有斜度的场合，常用规格有 150mm、175mm、200mm 及 250mm 等多种规格。斜口钳头部偏斜，主要用于剥除导线绝缘层，剪断较粗的金属丝、导线、电缆等。

（4）剥线钳和夹线钳

1）剥线钳是供电工剥离（$6mm^2$ 以下）导线头部的一段表面绝缘层的专用工具。钳头部分由压线口和刀口构成。剥线钳的钳口有多个刀口，它的手柄带有耐压为 500V 的绝缘套管。使用剥线钳时，先将导线放入剥线钳相应的刀口，根据需要确定需剥去绝缘层的长度，然后稍用力握钳柄，即可割断导线绝缘层。在使用剥线钳时，所选的刀口要比导线直径稍大，以便操作，否则会损坏导线。

2）夹线钳主要用于在导线的连接处夹紧接头，也带有剥线的功能。

夹线钳多用来制作水晶头，也可以进行剥线，将导线放入合适的剥线口中，用力向下压即可。

（5）螺钉旋具　螺钉旋具俗称螺丝刀、改锥，是用来紧固或拆卸螺钉的工具，是电工必备工具之一。螺钉旋具的种类和规格很多，按头部形状的不同可分为一字形和十字形。

一字槽螺钉旋具常用的规格有 50mm、100mm、150mm 和 200mm 等，电工必备的是 50mm 和 150mm 两种。十字槽螺钉旋具专供紧固或拆卸十字槽螺钉，常用的规格有 Ⅰ～Ⅳ 号四种，分别适用于直径为 2～2.5mm、3～5mm、6～8mm 和 10～12mm 的螺钉。

按握柄材料不同，螺钉旋具又可分为木柄和塑料柄两种。

使用螺钉旋具时，要注意以下三点：

① 带电作业时，手不可触及螺钉旋具的金属杆，以免发生触电事故。

② 不应使用金属杆直通握柄顶部的螺钉旋具。

③ 为防止金属杆触到人体或邻近带电体，金属杆应套上绝缘套管。

小提示：在家装电工中螺钉旋具常常用来固定信息模块、开关、灯架、插座等物品。所选择螺钉旋具的头部尺寸和形状要与螺钉的尾槽尺寸和形状相匹配。操作时旋动手柄，对螺钉进行紧固和拆卸。

（6）电工刀　电工刀是电工作业时常用的切削工具，由刀片、刀刃、刀柄等构成，用来剥削导线和电缆的绝缘层、削制木桩及软金属等。

在家装电工中电工刀可以剥导线的绝缘层，操作时刀略微向内倾斜，刀面与导线成 45° 角，这样不易削坏导线线芯。

（7）弯管器　弯管器用来弯曲 PVC 管、钢管等。

弯管器由铸铁弯头和手柄组成，能将管子自由弯成各种角度。它的特点是体积小、重量轻、携带方便，因此是最简单的弯管工具。在家装电工中暗敷的管子需要弯曲时，可以将管子放到弯管器中，对准需要弯曲的地方后向下压手柄。

（8）切管器　切管器在切割管子时使用，常见的有旋转型切管器和手握式切管器。

在家装电工中常常会使用切管器对暗敷的管子进行切割，切管器在使用时应将管子夹在滚轮和切割刀片之间，旋转进刀旋钮夹紧管子后，再沿顺时针方向旋转切管器切割管子。也可以采用手握式的切管器进行切割，将要切割的管子放到切管器的口中，按下切管器的手柄即可将管子切断。

（9）绝缘胶带　绝缘胶带在家装电工中使用比较广泛，如照明灯具内部导线连接后可使用绝缘胶带进行绝缘处理，在接线盒内部导线连接时需要使用绝缘胶带进行绝缘处理。

3. 常用测量工具及其使用方法

（1）卷尺　卷尺在电工领域应用较为广泛，它是利用内部安装的弹簧拉出标尺进行测量的，实际是拉出标尺及弹簧的长度，当测量完成后，卷尺里面的弹簧会自动收缩，标尺在弹簧的作用下同时收缩。

在家装电工中经常会使用到卷尺，可以用来测量需要敷设的开关或插座距地面的高度及测量强弱电设备之间的距离等。在使用卷尺时，应将卷尺的尺卷伸到需要测量的地方，并将卷尺向地面或需要的方向拉直，使用固定按钮将尺卷固定，即可精确读出尺寸。当识读或标记完成后，按下复位按钮，尺卷将自动收缩回卷尺的尺盒中。

（2）验电器　在家装电工进行安装和维修作业时，经常需要使用仪表对电气设备或一些导线进行测试。验电器是检验导线或电气设备是否带电的仪表。

低压验电器又称为试电笔，分为钢笔式和螺钉旋具式两种。使用低压验电器时，必须把笔身握妥，即以手掌触及笔尾的金属体，并使氖管小窗背光朝向自己，以便于观察。要防止笔尖金属体触及人手，以避免触电。因此，在螺钉旋具式验电器金属杆上，必须套上绝缘套管，仅留出刀口部分供测试用。

低压验电器主要由金属探头、电阻、氖管、弹簧等构成，其检测电压通常为 60~500V，如图 2-13 所示。

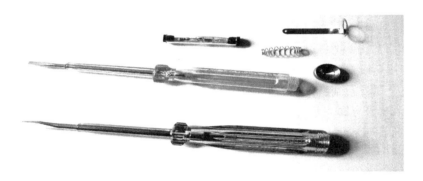

图 2-13　低压验电器

在家装中当一间房屋进行线路敷设后，有部分线路无法正常供电，使用验电器检测该房屋中的各个插座是否有电，便于对整个房屋布线进行检修和检查。在使用验电器前，需要检查其是否损坏或缺少零部件。还需在有电的线路上对验电器进行测试，以确保其良好。在检测时，应用手指接触笔尾的金属体。在使用过程中，手禁止接触验电器前端金属部位，否则会造成触电事故。使用钢笔式、感应式验电器时，不允许将其当作螺钉旋具使用。

电工在检修电气线路、设备和装置之前，务必要用验电器验明无电，方可着手检修。验电器不可受潮，不可随意拆装或受到严重振动，并应经常在带电体上（如在插座孔内）试测，以检查性能是否完好。性能不可靠的验电器，不准使用。

一支普通的低压验电器，可随身携带，只要掌握验电器的原理，结合熟知的电工原理，灵活运用技巧很多，具体技巧和口诀如下：

① 判断交流电与直流电的口诀：

电笔判断交直流，交流明亮直流暗，交流氖管通身亮，直流氖管亮一端。

【说明】 使用低压验电器之前，必须在已确认的带电体上检验；在未确认验电器正常之前，不得使用。判别交、直流电时，最好在"两电"之间作比较，这样就很明显。测交流电时氖管两端同时发亮，测直流电时氖管里只有一端发亮。

② 判断直流电正负极的口诀：

电笔判断正负极，观察氖管要心细，前端明亮是负极，后端明亮为正极。

【说明】 氖管的前端指验电器笔尖一端，后端指手握的一端，前端明亮为负极，反之为正极。

测试时人要与大地绝缘，一只手摸电源任一极，另一只手持验电器，验电器金属头触及被测电源另一极，氖管前端发亮，所测触的电源是负极；若是氖管的后端发亮，所测触的电源是正极。这是直流单向流动和电子由负极向正极流动的原理。注意：手指必须接触验电器尾部的金属体（钢笔式）或验电器顶部的金属螺钉（螺钉旋具式）。这样，只要带电体与大地之间的电位差超过50V，验电器中的氖管就会发光。

使用验电器检测时，验电器中氖管显示的亮度不同，表示的情况也不同，具体情况见表2-2。

表2-2 验电器显示状态及判断线路的情况

验电器氖管显示状态	判定情况
氖管两端全亮	被测线路为交流电
氖管前端亮	被测线路为直流电负极
氖管后端亮	被测线路为直流电正极
在判别直流电有无接地时，氖管前端发亮	被测直流电正极接地故障
在判别直流电有无接地时，氖管后端发亮	被测直流电负极接地故障

三、多股导线的连接

◆ **引导问题**

1. 7股铜芯导线和19股铜芯导线进行连接时的方法相同吗？
2. 7股铜芯导线"一"字连接如何做？
3. 切割多股导线要用到手锯，使用中要注意哪些问题？

◆ **咨询资料**

1. 导线的连接

（1）7股铜芯导线的直接连接　7股铜芯导线的直接连接按下列步骤进行：

1）先将剥去绝缘层的芯线头拉直，接着把芯线头全长的1/3根部进一步绞紧，然后把余下的2/3根部的芯线头，按图2-14a所示方法，分散成伞骨状，并将每股芯线拉直。

2）把两导线的伞骨状线头隔股对叉，如图2-14b所示，然后捏平两端每股芯线。

3）先把一端的7股芯线按2∶2∶3分成三组，接着把第一组芯线扳起，垂直于芯线，如图

2-14c 所示,然后按顺时针方向紧贴并缠两圈,再扳成与芯线平行的直角,如图 2-14d 所示。

4) 按照上一步骤相同方法继续紧缠第二和第三组芯线,但在后一组芯线扳起时,应把扳起的芯线紧贴前一组芯线已弯成直角的根部,如图 2-14e、f 所示。第三组芯线应紧缠三圈,如图 2-14g 所示。每组多余的芯线端应剪去,并钳平切口毛刺。导线的另一端连接方法相同。

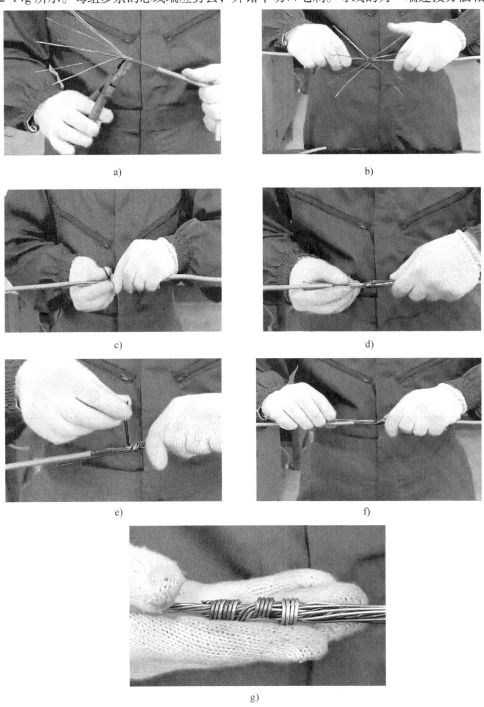

图 2-14 7 股铜芯导线的直接连接

(2) 19 股铜芯导线的直接连接 19 股铜芯导线的直接连接方法与 7 股芯线的连接方法基本相同。芯线太多，可剪去中间的几股芯线，缠接后，在连接处还需进行钎焊，以增强其机械强度并改善其导电性能。

(3) 7 股铜芯导线的 T 字分支连接 把分支芯线线头的 1/8 处根部进一步绞紧，再把 7/8 处部分的 7 股芯线分成两组，如图 2-15a 所示；接着把干线芯线用螺钉旋具撬分成 4:3 两组，把支线 4 股芯线的一组插入干线的两组芯线中间，如图 2-15b 所示；然后把 3 股芯线的一组往干线一边按顺时针紧缠 3~4 圈，钳平切口，如图 2-15c 所示；另一组 4 股芯线则按逆时针方向缠绕 4~5 圈，两端均剪去多余部分，如图 2-15d 所示。

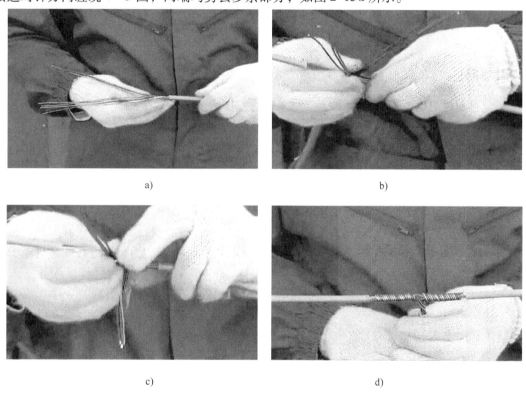

图 2-15 7 股铜芯导线的 T 字分支连接

2. 手锯的使用

手锯锯条多用碳素工具钢和合金工具钢制成，并经热处理淬硬。在使用时，锯条折断是造成伤害的主要原因，所以使用时应注意以下事项：

1) 应根据所加工材料的硬度和厚度正确地选用锯条；锯条安装得松紧要适度，根据手感应随时调整。

2) 被锯割的工件要夹紧，锯割中不能有位移和振动；锯割线离工件支承点要近。

3) 锯割时要扶正锯弓，防止歪斜，起锯要平稳，起锯角不应过大，角度过大时，锯齿易被工件卡夹。

4) 向前推锯时双手要适当加力；向后退锯时，应将手锯略微抬起，不要施加压力。用力的大小应根据被割工件的硬度确定，硬度大的可加力大些，硬度小的可加力小些。

5）安装或调换新锯条时，必须保证锯条的齿尖方向要朝前；锯割中途调换新条后，应调头锯割，不宜继续沿原锯口锯割。

手锯的使用如图 2-16 所示。

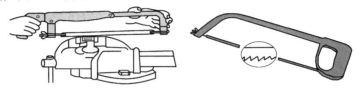

图 2-16　手锯的使用

四、封端方法

◆ **引导问题**

1. 锡焊封端时，在焊接前需要哪些处理措施？应注意哪些事情？
2. 什么是压接封端法？

◆ **咨询资料**

1. 锡焊封端法

锡焊封端法适用于铜芯导线与铜接线端子的封端。具体操作方法是：焊接前，先清除导线端和接线耳内表面的氧化层，并涂上无酸焊锡膏，将线端搪一层锡后把接线耳加热，将锡熔化在接线耳孔内，再插入搪好锡的芯线继续加热，直到焊锡完全熔化渗透在线芯缝隙中为止。钎焊时，必须使锡液充分注入空隙，封口要丰满；灌满锡液后，导线与接线耳（或接线端子螺钉）之间的位置不可挪动，要等焊锡充分凝固后方可放手，否则，会使焊锡结晶粗糙，甚至脱焊。

接线耳如图 2-17 所示。

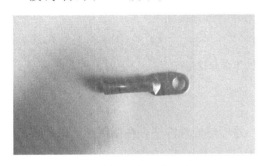
a) 大载流量用接线耳

b) 小载流量用接线耳

图 2-17　接线耳

2. 压接封端法

压接封端法适用于铜导线和铝导线与接线端子的封端（但多用于铝导线的封端）。具体操作方法是：先把线端表面清除干净，将导线插入接线端子孔内，再用导线压接钳进行钳压，如图 2-18 所示。

图 2-18 压接封端法

五、绝缘恢复

◆ 引导问题

1. 绝缘材料可以分为哪几类？都有什么特点？
2. 绝缘层的恢复方法有哪些？
3. 线圈线端连接处的绝缘层恢复时，一般使用哪些绝缘材料？
4. 绝缘带包缠的方法和要求是什么？

◆ 咨询资料

1. 线圈内部导线绝缘层的恢复

（1）绝缘材料的选用　线圈内部导线绝缘层有破损或经过接头时，要根据线圈层间和匝间承受的电压及线圈的技术要求，选用合适的绝缘材料包覆。常用的绝缘材料有电容纸、黄蜡带、青壳纸和涤纶薄膜等。其中，电容纸和青壳纸的耐热性能最好，电容纸和涤纶薄膜最薄。电压较低的小型线圈，选用电容纸；电压较高的小型线圈，选用涤纶薄膜；较大型的线圈，则选用黄蜡带或青壳纸。

（2）恢复方法　一般采用衬垫法，即在导线绝缘层破损处（或接头处）上下衬垫一层或两层绝缘材料，左右两侧借助于邻匝导线将其压住。衬垫时，绝缘垫层前后两端都要留出 1 倍于破损长度的裕量。

2. 线圈线端连接处绝缘层的恢复

（1）导线连接点绝缘层的绝缘恢复方法

1）从完整绝缘层上开始包缠，包缠两根带宽后方可进入连接处的芯线部分；包至另一端时，也需同样包入完整绝缘层上两根带宽的距离。

2）包缠时，绝缘带与导线应保持 45°的倾斜角，每圈包缠压带宽的一半。

（2）导线分支点绝缘层的绝缘恢复方法

1）用绝缘胶带从距分支连接点两根带宽处开始包缠，包缠间距为 1/2 带宽，绝缘胶带与导线的倾斜角为 45°；包至分支点处时紧贴线芯沿支路包缠，超出连接处两个带宽后回缠，然后再沿干线继续包缠；最后也要超出连接处两个带宽，包缠间距为 1/2 带宽。

2）给 380V 线路上的导线恢复绝缘时，必须先包缠 1~2 层黄蜡带，然后再包缠一层绝缘胶带。给 220V 线路上的导线恢复绝缘时，先包缠一层黄蜡带，然后再包缠一层绝缘胶带,也可只包缠两层绝缘胶带。包缠时,不能过疏,更不能露出芯线,以免造成触电或短路事故。绝缘胶带平时不可放在温度很高的地方,也不可浸染油类。

学习活动三 任务实施

一、工艺要求

1. 连接牢固可靠,接头电阻小。
2. 机械强度高,耐腐蚀耐氧化。
3. 电气绝缘性能好。

二、技术规范

1. 单股导线的连接

芯线线头作 X 形交叉,将它们相互缠绕 2~3 圈后扳直两线头,然后将每个线头在另一芯线上紧贴密绕 5~6 圈后剪去多余线头即可。

2. 多股导线的连接

首先将剥去绝缘层的多股芯线拉直,将其靠近绝缘层的约 1/3 芯线绞合拧紧,其余 2/3 芯线呈伞状散开,另一根需连接的导线芯线也照此处理。接着将两伞状芯线相对着互相插入后捏平芯线,然后将每一边的芯线线头分作 3 组,先将某一边的第 1 组线头翘起并紧密缠绕在芯线上,再将第 2 组线头翘起并紧密缠绕在芯线上,最后将第 3 组线头翘起并紧密缠绕在芯线上。以同样方法缠绕另一边的线头。

三、评价要点

完成单股塑料铜芯硬线的"一"字、"T"字连接,并填写表 2-3~表 2-5。

表 2-3 单股塑料铜芯硬线的"一"字、"T"字连接

训练次数	单股塑料铜芯硬线的"一"字连接		单股塑料铜芯软线的"T"字连接	
	连接总数	合格数	连接总数	合格数

表 2-4 多股塑料铜芯硬线的连接和绝缘恢复

训练次数	多股塑料铜芯硬线的连接		液压钳压接封端		绝缘恢复	
	连接总数	合格数	压接总数	合格数	绝缘恢复总数	合格数

表2-5 评价表

序号	项目	自我评价			小组评价			教师评价		
		10~8分	7~6分	5~1分	10~8分	7~6分	5~1分	10~8分	7~6分	5~1分
1	学习兴趣									
2	遵守纪律									
3	工具的正确使用与维护保养									
4	导线连接的质量									
5	封端质量									
6	绝缘恢复质量									
7	规范、安全操作									
8	协作精神									
	总评									

学习活动四 综合评价

评价表见表2-6。

表2-6 评价表

评价项目	评价内容	评价标准	评价主体	
			自评	互评
职业素养	安全意识 责任意识	A. 作风严谨,遵守纪律,出色地完成任务,90~100分 B. 能够遵守规章制度,较好地完成工作任务,75~89分 C. 遵守规章制度,没完成工作任务,60~74分 D. 不遵守规章制度,没完成工作任务,0~59分		
	学习态度	A. 积极参与学习活动,全勤,90~100分 B. 缺勤达到任务总学时的10%,75~89分 C. 缺勤达到任务总学时的20%,60~74分 D. 缺勤达到任务总学时的30%,0~59分		
	团队合作	A. 与同学协作融洽,团队合作意识强,90~100分 B. 与同学能沟通,协同工作能力较强,75~89分 C. 与同学能沟通,协同工作能力一般,60~74分 D. 与同学沟通困难,协同工作能力较差,0~59分		
专业能力	学习活动二 学习相关知识	A. 学习活动评价成绩为90~100分 B. 学习活动评价成绩为75~89分 C. 学习活动评价成绩为60~74分 D. 学习活动评价成绩为0~59分		
	学习活动三 任务实施	A. 学习活动评价成绩为90~100分 B. 学习活动评价成绩为75~89分 C. 学习活动评价成绩为60~74分 D. 学习活动评价成绩为0~59分		
创新能力		学习过程中提出具有创新性、可行性的建议	加分	
班级		姓名	综合评价等级	

 复习思考题

一、填空题

1. 钢丝钳是（　　　）和（　　　）的工具。
2. 螺钉旋具按头部形状可分为（　　　）和（　　　）两种。
3. 单股铜芯导线的直接连接，先把两线端（　　　）形相交，互相绞合（　　　）圈。
4. 单股铜芯导线的T字分支连接时要把支线芯线头与干线芯线（　　　）相交，使支线芯线根部留出约（　　　）mm。

二、判断题

（　　）1. 电工在检修电气线路、设备和装置之前，务必要用验电器验明无电，方可着手检修。

（　　）2. 钢丝钳钳头由钳口、齿口、刀口和铡口四部分组成。

三、单项选择题

1. 电工使用的钢丝钳是带塑料绝缘柄的，耐压为（　　）V以上。
A. 250　　　　　　　B. 500　　　　　　　C. 750

2. 铝芯导线作直线连接时，先把每根铝导线在接近线端处卷上（　　）圈。
A. 1~2　　　　　　　B. 2~3　　　　　　　C. 3~4

3. 7股铜芯导线的直接连接时，先把一端的7股芯线按股分成（　　）三组。
A. 2:2:3　　　　　　B. 1:3:3　　　　　　C. 1:2:4

4. 7股铜芯导线的T字分支连接时，先把分支芯线线头的（　　）处根部进一步绞紧。
A. 1/2　　　　　　　B. 1/4　　　　　　　C. 1/8

四、问答题

简述单股铜芯导线的直接连接方法。

学习任务三

照明线路的安装与检修

子任务一 书房一控一灯照明线路的安装与检修

 学习目标:

1. 能阅读"书房一控一灯的安装"工作任务单,明确工艺要求,明确个人任务要求。
2. 能识别导线、开关、灯等电工材料,识读电路原理图。
3. 能正确列举所需工具和材料清单,准备工具,领取材料。
4. 能按照作业规程应用必要的标志和隔离措施,准备现场工作环境。
5. 能按图样、工艺要求、安装规程要求,进行护套线布线施工。
6. 能按电工作业规程操作,作业完毕后能清点工具、人员,收集剩余材料,清理工程垃圾,拆除防护措施。
7. 能正确交付验收。
8. 能进行工作总结与评价。

学习活动一 明确工作任务

一、工作情境描述

××安装公司接到一份订单,订单中客户要求在其新装修的书房内安装照明灯,灯的控制为一控一灯,工时要求为5h。公司将此订单委派电工班完成,电工班接受此任务,要求在规定期限内完成安装,并交付有关人员验收。

二、工作任务单(见表3-1)

表3-1 安装工作任务单

流水号: 20 - -
类别:水□ 电□ 暖□ 土建□ 其他□   日期: 年 月 日

安装地点	××小区12栋3单元502房的书房
安装项目	书房一控一灯的安装

(续)

需求原因	在新改造的书房安装一盏60W白炽灯		
申报时间	20 年 月 日	完工时间	20 年 月 日
申报单位	栋 单元 房	安装单位	电工班
验收意见		安装单位电话	
验收人		承办人	
申报人电话		承办人电话	
物业负责人		物业负责人电话	

三、请用自己的语言描述具体的工作内容

1. 该项工作在什么地点进行，需要多长时间完成？
2. 该项工作具体内容是什么，工作完成后交给谁验收？
3. 该项工作怎样才算完成了？

学习活动二 学习相关知识

一、电路基础

◆ 引导问题

1. 完成该项任务需要哪些材料？
2. 试着用图示的方法表示电器元件的连接关系。
3. 工程中规定的标准电气原理图是什么样子的？
4. 如何安装剩余电流断路器？
5. 请识读标准电路原理图（图3-1），完成以下空白工作页。

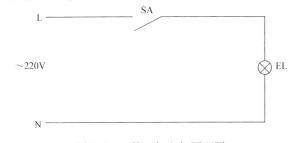

图 3-1 一控一灯电气原理图

（1） L 表示什么？ _____
（2） N 表示什么？ _____
（3） SA 表示什么？ _____
（4） EL 表示什么？ _____
（5） ⊗ 表示什么？ _____

(6) ———／———— 表示什么？＿＿＿＿＿＿＿＿＿＿＿＿＿＿

(7) 电气符号包括图形符号和文字符号，灯的图形符号是＿＿＿＿＿＿＿＿＿＿＿＿＿＿，文字符号是＿＿＿＿＿＿＿＿＿＿。

(8) 上面的电路原理图由哪几部分组成？

(9) 灯在电路中起什么作用？

(10) 开关在电路中起什么作用？

(11) 导线在电路中的作用是什么？

(12) 该电路中电源的电压是多少？有什么作用？

◆ **咨询资料**

剩余电流断路器是断路器的一个重要分支，主要用来防止人身触电伤亡及因电气设备或线路漏电而引起的火灾事故。照明电路常用的2P断路器（带剩余电流断路器）如图3-2所示。

剩余电流断路器是在规定条件下，当剩余电流达到或超过给定值时，能自动断开电路的机械开关电器。实际上，剩余电流断路器是在断路器内增设了一套过载和短路保护元件，有的还带有过电压保护。

图3-2 常用的2P断路器

剩余电流断路器在民用建筑中应用较多，广泛应用于中性点直接接地的低压电网线路中，如TN-C-S、TN-S系统。

二、电能表的基本知识

◆ **引导问题**

1. 什么是电能表？可以按哪些类型分类？都是什么？
2. 电子式电能表有哪些优点？
3. 电子式电能表的安装要求是什么？
4. 某电能表上标有"220V，10A"字样，这是什么意思？
5. 电能表上的"1500r/kW·h"字样表示什么意思？

◆ **咨询资料**

1. 电能表的分类

电能表俗称电度表，是计量耗电量的仪表，具有累计功能。其外形如图3-3所示。它的种类繁多，最常用的是交流感应式电能表。按用途分类，电能表可分为有功电能表和无功电能表，分别计量有功电能和无功电能。按额定电流分类，有功电能表的常用规格是3.5A、10A、25A、

图3-3 电能表

50A、75A 和 100A 等多种，凡用电量（任何一相的计算负荷电流）超过 100A 时，必须配置电流互感器；无功电能表的额定电流通常只有 5A，所以使用时必须与电流互感器配合。按结构分类，有功电能表可分为单相表、三相三线表和三相四线表三种；无功电能表分为三相三线和三相四线两种，额定电压有 380V 和 220V。

按工作原理分类，电能表可分为感应式电能表、磁电式电能表、电子式电能表等。

单相电能的测量应使用单相电能表，其接线如图 3-4 所示。正确的接法是：电源的相线从电能表的 1 号端子进入电流线圈，从 2 号端子引出接负载；中性线（零线）从 3 号端子接入，从 4 号端子引出。

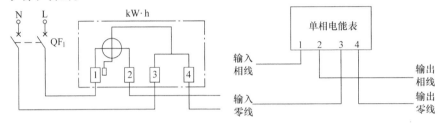

图 3-4 单相电能表的接线方法

2. 电能表的铭牌

电能表上标有"220V，2.5（10）A"的字样表示：额定电压是 220V，标定电流是 2.5A，额定电流是 10A，可以用在最大功率为 220V×10A＝2200W 的电路中。

电能表上的"1500r/kW·h"字样表示：消耗每千瓦时的电能，电能表转动 1500 转。

3. 电子式电能表简介

近年来，电子式电能表逐年增多，并广泛应用在电能计量、计费工作中。电子式电能表有较好的线性度和稳定度，具有功耗小、电压和频率的响应速度快、测量精度高等诸多优点。

电子式电能表是怎样来计量电能的呢？电子式电能表是在数字功率表的基础上发展起来的，采用乘法器实现对电功率的测量。被测量的高电压 U、大电流 I 经电压变换器和电流变换器转换后送至乘法器 M，乘法器 M 完成电压和电流瞬时值相乘，输出一个与一段时间内的平均功率成正比的直流电压 U，然后再利用电压/频率转换器，U 被转换成相应的脉冲频率 f，将该频率分频，并通过一段时间内计数器的计数，显示出相应的电能。

三、电能表的选择

◆ 引导问题

1. 电能表的额定容量选择依据是什么？
2. 选择电能表的原则是怎样的？
3. 请阐述单相电能表的接线方法。

◆ 咨询资料

1. 电能表的额定容量选择

电能表的额定容量应根据用户负荷来选择，一般负荷电流的上限不得超过电能表的额定电流，下限不应低于电能表允许误差范围以内规定的负荷电流。

2. 电能表的选用原则

1）要满足负荷电压和电流的要求。必须根据负荷电流和电压数值来选定合适的电能表，使电能表的额定电压、额定电流等于或大于负荷的电压和电流。用电负荷的电流应在电能表额定电流的20%～120%。一般情况下可按表3-2进行选择。

表3-2 电能表容量的选择

额定电流/A	单相220V 最大负载功率/W	三相380V 最大负载功率/W
1.5(6)	<1500	<4700
2.5(10)	<2600	<6500
5(30)	<7900	<23600
10(60)	<15800	<47300
20(80)	<21000	<63100

2）要满足精确度的要求。

3）要满足负荷种类的要求。

四、电能表的安装与接线要求

◆ 引导问题

1. 电能表的作用是什么？
2. 画出单相电能表的接线图。
3. 写出单相电能表的安装规范。

◆ 咨询资料

1. 电能表接线
2. 电能表的安装技术要求

1）电能表与配电装置通常应安装在一起。安装电能表的木板下面及四周边缘必须涂漆防潮，木板应使用实板，不应用木台，允许和配电板共用一块通板，木板必须坚实干燥，不应有裂纹，拼接处要紧密平整。

2）电能表板要装在干燥、无振动和无腐蚀气体的场所。表板的下沿离地一般不低于1.3m，但大容量表板的下沿离地允许放低到1～1.2m，但不得低于1m。

3）为了让线路的走向简洁而不混乱，以及保证配电装置的操作安全，电能表必须装在配电装置的左方或下方，切不可装在右方或上方。同时，为了保证抄表方便，应把电能表（中心尺寸）安装在离地1.4～1.8m位置上。如需并列安装多只电能表，则两表间的距离不得小于0.2m。

4）任何一相的计算负荷电流超过100A时，都应装置电流互感器（由供电部分供给）；当最大计算负荷电流超过现有电能表的额定电流时，也应装置电流互感器。

5）电能表表身应装得平直，不可出现纵向或横向的倾斜，电能表垂直偏差不应大于1.5%，否则会影响测量的准确性。

6）电能表的周围环境应干燥、通风，安装应牢固、无振动。其环境温度应在 -10 ~ 50℃的范围内，温度过低、过高均会影响其准确性。

7）电能表的进出线，应使用铜芯绝缘线，芯线面积不得小于 $1mm^2$。接线要牢固，但不可焊接，裸露的线头部分不可露出接线盒。

五、断路器

◆ **引导问题**

1. 断路器分为哪几类？
2. 剩余电流断路器有什么作用？

◆ **咨询资料**

1. 断路器的分类

常见断路器的实物图如图3-5所示。

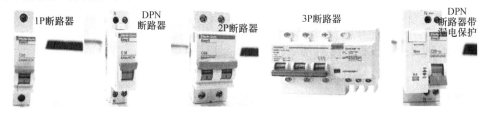

图3-5 常见断路器的实物图

1）1P断路器就是相线进断路器，零线不进；DPN断路器是相线和零线同时进断路器，切断时相线和零线同时切断，对用户来说安全性更高。

2）2P断路器也为双进双出，即相线和零线都进断路器，但2P断路器的宽度比1P和DPN断路器宽一倍。

3）3P断路器为三进三出，即三相电源进断路器，零线不进，但3P断路器的宽度更宽。

4）剩余电流（DPN）断路器为预拼装式剩余电流断路器（断路器+漏电附件），可同时提供过载、短路、漏电保护功能。当发生剩余电流保护装置动作时，装置的正面有红色的机械指示，可区别漏电故障与其他保障。

注：断路器在额定负载时平均操作使用寿命为 20 000 次。

2. 断路器的工作原理

图3-6为断路器的结构图，图中的三副主触头（1个动触头，2个静触头）串联在被控制的三相电路中。

当开关接通电源后，电磁脱扣器及欠电压脱扣器若无异常反应，开关运行正常。当线路

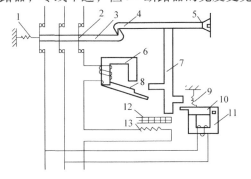

图3-6 断路器的结构图
1—主弹簧 2—主触头 3—锁扣 4—搭钩 5—转轴座
6—电磁脱扣器 7—杠杆 8—电磁脱扣器衔铁 9—拉力弹簧 10—欠电压脱扣器衔铁 11—欠电压脱扣器
12—双金属片 13—热元件

发生短路或严重过载时，短路电流超过瞬时脱扣整定电流值，电磁脱扣器 6 产生足够大的吸力，将衔铁 8 吸合并撞击杠杆 7，使搭钩 4 绕转轴座 5 向上转动与锁扣 3 脱开，锁扣在主弹簧 1 的作用下将三副主触头分断，切断电源。

当线路发生一般性过载时，过载电流虽不能使电磁脱扣器动作，但能使热元件 13 产生一定热量，促使双金属片 12 受热向上弯曲，推动杠杆 7 使搭钩与锁扣脱开，将主触头分断，切断电源。

欠电压脱扣器 11 的工作过程与电磁脱扣器恰恰相反。当线路电压正常时欠电压脱扣器 11 产生足够的吸力，克服拉力弹簧 9 的作用将衔铁 10 吸合，衔铁与杠杆脱离，锁扣与搭钩才得以锁住，主触头方能闭合。当线路上电压全部消失或电压下降至某一数值时，欠电压脱扣器吸力消失或减小，衔铁被拉力弹簧 9 拉开并撞击杠杆，主电路电源被分断。同样道理，在无电源电压或电压过低时，断路器也不能接通电源。

3. 断路器的选用原则

选择断路器时，应本着照明小、插座中、空调大的选配原则，根据用户的要求和个性的差异性，结合实际情况灵活选择配电方案。

六、导线的选择

◆ 引导问题

1. 你对绝缘导线的知识知道多少？请观察从仓库领取的材料，完成以下空白处的填写并回答问题。

（1）看看线上的铭牌标示，填写以下空格，常用的绝缘导线型号有_____。BV 表示_____，RBV 表示_____，RVV 表示_____。

（2）你能列举哪些绝缘导线常用的截面积？

2. 图 3-7 所示的绝缘导线铭牌上还有哪些参数？你能列出来吗？

产品名称：单芯硬导体铜芯线
型号名称：ZC-BV—4
规格：1×4mm²
导体材质：无氧铜
绝缘材质：阻燃PVC绝缘料
额定电压：450/750V
整盘长度：100米
产品重量：4.589～4.838kg
执行标准：GB/T5023、GB/T19666
适合环境：家庭装修/酒店/工程项目

图 3-7　绝缘导线铭牌

3. 观察从仓库领的护套线的颜色：
外层护套层线的颜色是_____，内层线芯绝缘层的颜色是_____。

4. 借助多媒体上网搜寻或查找相关书籍，回答下列问题：
（1）外层护套层线颜色有哪些？（2）内层线芯绝缘层颜色有哪些？

5. 查找相关书籍，回答下列问题：
（1）相线颜色规定有哪些？（2）零线颜色规定有哪些？

◆ **咨询资料**

1. 导线类型

（1）室内用导线与电缆　在家庭用电中，室内供电是为各种电器提供电能的最基础供电部分，因此室内供电的优劣直接影响家庭用电质量及各种电器的性能，而室内用导线、电缆的好坏则直接影响室内供电，所以根据不同的需要选择不同的导线、电缆是电工首要掌握的知识。

（2）室内用导线与电缆的规格及应用　在室内布线中，使用的导线、电缆一律使用绝缘导线。下面介绍室内所需各种导线、电缆的种类、性能及配线的基本要求。

1）室内用导线与电缆的规格：

① 常见塑料绝缘硬线的规格、性能及应用见表 3-3。

表 3-3　常见塑料绝缘硬线的规格、性能及应用

型号	名称	截面积/mm²	应用
BV	铜芯塑料绝缘导线	0.8~95	常用于明敷和暗敷用导线，最低敷设温度不低于 -15℃
BLV	铝芯塑料绝缘导线	0.8~95	
BVR	铜芯塑料绝缘软导线	1~10	固定敷设，用于安装要求柔软的场合，最低敷设温度不低于 -15℃
BVCV	铜芯塑料绝缘护套圆形导线	1~10	固定敷设于潮湿的室内和机械防护要求高的场合，可用于明敷和暗敷
BLVV	铝芯塑料绝缘护套圆形导线	1~10	
BV-105	铜芯耐热105℃塑料绝缘导线	0.8~95	固定敷设于高温环境的场所，可明敷和暗敷，最低敷设温度不低于 -15℃
BVVB	铜芯塑料绝缘护套平行线	1~10	适用于照明线路敷设
BLVVB	铝芯塑料绝缘护套平行线		

塑料绝缘硬线的线芯数较少，通常不超过 5 芯，在其规格型号标注时，首字母通常为"B"字。

② 塑料绝缘软线的型号多以"R"字母开头，通常线芯较多，导线本身较柔软，耐弯曲性较强，多作为电源软接线使用。

常见塑料绝缘软线的规格、性能及应用见表 3-4。

表 3-4　常见塑料绝缘软线的规格、性能及应用

型号	名称	截面积/mm²	应用
RV	铜芯塑料绝缘软线	0.2~2.5	可供各种交流、直流移动电器、仪表等设备接线用，也可用于照明装置的连接，安装环境温度不低于 -15℃
RVB	铜芯塑料绝缘平行软线		
RVS	铜芯塑料绝缘绞形软线		
RV-105	铜芯耐热105℃塑料绝缘软线		该导线用途与 RV 导线相同，该导线还可应用于 45℃以上的高温环境
RTV	铜芯塑料绝缘护套圆形软线		该导线用途与 RV 导线相同，还可以用于潮湿和机械防护要求较高，以及经常移动和弯曲的场合
RVVB	铜芯塑料绝缘护套平行软线		可供各种交流、直流移动电器、仪表等设备接线用，也可用于照明装置的连接，安装环境温度不低于 -15℃

塑料绝缘导线是电工用导电材料中应用最多的导线之一，现在大多室内敷设的导线都采用的是塑料绝缘导线。按照其用途及特性不同可分为塑料绝缘硬线和塑料绝缘软线两种类型。其中塑料绝缘软线的机械强度不如硬线，但是同样截面积的软线的载流量比塑料绝缘硬线（单芯）高。

③ 橡胶绝缘导线主要是由天然橡胶（烟片胶）、丁苯橡胶、乙丙橡胶等绝缘层和导线线芯构成的。常见的电工用橡胶绝缘导线多为黑色、较粗（成品线径为 4.0~39mm）的导线，常用于照明装置的固定敷设、移动电气设备的连接等。

常见橡胶绝缘导线的规格、性能及应用见表 3-5。

表 3-5 常见橡胶绝缘导线的规格、性能及应用

型 号	名 称	截面积/mm²	应 用
BX	铜芯橡胶绝缘导线	2.5~10	适用于交流、直流电气设备和照明装置的固定敷设
BLX	铝芯橡胶绝缘导线		
BXR	铜芯橡胶绝缘软导线		适用于室内安装及要求柔软的场合
BXF	铜芯氯丁橡胶导线		适用于交流电气设备及照明装置用
BLXF	铝芯氯丁橡胶导线		
BXHF	铜芯橡胶绝缘护套导线		适用于敷设在较潮湿的场合，可用于明敷和暗敷
BLXHF	铝芯橡胶绝缘护套导线		

2）室内用导线与电缆的应用。室内用导线的选择是指根据不同电路需要的功率不同、允许电压降不同及导线自身允许的机械强度不同，来计算所需导线的型号、规格。

导线截面积选择过大时，将增加铜的使用量，从而增加了电路敷设的费用；如果导线的截面积过小，导线中电压的损失会变大，并且导线的接头会因过热而熔断，同时会影响家庭电器的扩增。因此要合理选择导线的截面积。

室内使用中选择导线的截面积时，应根据导线的允许载流量、最大机械强度、线路允许电压损失和经济条件等进行选择。下面介绍选择不同截面积导线的方法。

① 按导线允许载流量选择导线。导线具有电阻，当通过电流时，导线会发热，温度也随之升高。一般导线允许的工作温度为 65℃。当超过允许温度时，导线绝缘层将加速老化。因此，必须按照导线允许最高温度计算允许通过的最大电流，根据计算得出的允许最大电流来选择相应导线的截面积。导线不同截面积、不同温度下允许的最大载流量见表 3-6。

小提示：室内常用的导线为铜芯线。在导线敷设时或敷设完成后，导线会因为自身重量及外力的作用，造成导线发生断线的故障。其中发生断线的原因还与敷设方式及支持点相关。

表 3-6 导线不同截面积、不同温度下允许的最大载流量　　　　（单位：A）

截面积/mm² \ 铜线温度/℃	60	75	75	90
2.5	20	20	25	25
4	25	25	30	30
6	30	35	40	40
8	40	50	55	55

（续）

截面积/mm² \ 铜线温度/℃	60	75	75	90
14	55	65	70	75
22	70	85	95	95
30	85	100	100	100
38	95	115	125	130
50	110	130	145	150
60	125	150	165	170
70	145	175	190	195
80	165	200	215	225
100	195	230	250	260

② 按导线允许机械强度选择导线。当负荷很小时，如果按导线的载流量选择导线的截面积，其导线会因为选择的截面积太小而不能满足导线的机械强度要求，容易发生断线故障。因此，导线的负荷小时，可根据导线的机械强度要求选择导线的截面积。

根据导线安装方式所要求机械强度选择室内配线线芯的最小允许截面积，见表3-7。

表3-7 室内配线线芯的最小允许截面积

敷设方式	固定点的间距/mm	最小截面积/mm²
瓷夹配线	≤60	1
瓷柱配线	≤150	1
	≤20	1.5
绝缘子配线	≤300	1.5
	≤600	2.5
塑料护套配线	≤20	0.5
钢管或塑料管配线		1.0

③ 按允许电压降选择导线。根据导线载流量选择的导线，还需要按照用电设备允许的电压降进行导线的选择。一般用电设备允许的电压降值见表3-8。

表3-8 用电设备允许的电压降值

用电设备	电动机	照明设施	个别较远的电动机
允许的电压降	5%	6%	8%~12%

2. 室内用导线与电缆的选取方案

室内用导线与电缆的应用可分为强电和弱电两大类，强电一般指交流电压在220V以上，如家庭中的照明灯具、电热水器、取暖机、电冰箱、微波炉、电饭锅、电水壶、电熨斗、电视机、排烟机、空调器、DVD、音响设备（输入端）等均为使用强电的电气设备。而弱电一般指直流电路或音频线路、视频线路、网络线路、电话线路中一般在24V以内的直流电压,如电话机、计算机、电视机的信号输入(有线电视线路)、音频设备(输出端线路)等均为使用弱电的电气设备。

不同的电气系统网络对导线与电缆的选取要求各不同,下面举例进行详细的讲解。

[强电导线与电缆的选取方案]:强电导线与电缆的选取与家庭电器总功率息息相关,而家庭用电器的总功率则是各分支路功率之和的0.8倍。

掌握以下几个公式,可便于强电导线与电缆的选取。

总功率公式:$P_{总}=(P_1+P_2+P_3+\cdots+P_n)\times 0.8$。

总开关承受的电流:$I_{总}=P_{总}/(220V)$。

分支路开关的承受电流:$I_{支}=0.8P_n/(220V)$。

空调器支路要考虑到起动电流,其开关承受电流为$I_{空}=[0.8P_n/(220V)]\times 3$,空调器起动电流是额定电流的3倍。

七、功率计算

一般负载分两种,一种是电阻性负载,一种是电感性负载。对于电阻性负载,$P=UI$;对于电感性负载,$P=UI\cos\varphi$。其中荧光灯负载的功率因数$\cos\varphi=0.5$。不同电感性负载功率因数不同,统一计算家庭用电器可以将功率因数$\cos\varphi$取0.8。也就是说,如果一个家庭所有用电器总功率为6000W,则最大电流$I=P/(U\cos\varphi)=(6000\div 220\times 0.8)A\approx 34A$。

但是,一般情况下,家里的电器不可能同时使用,所以加上一个公用系数,公用系数一般取0.5。所以,上面的计算应该改写成$I=(P\times 公用系数)/(U\cos\varphi)=(6000\times 0.5\div 220\times 0.8)A\approx 17A$,即这个家庭总的电流值为17A。

根据设计,预算家庭用电量及导线电缆选配方案见表3-9。

表3-9 预算家庭用电量及导线电缆选配方案

线 路	电气设备	功 率	承 受 电 流	导线截面积/mm²
照明支路	吊扇灯、吊灯等	约800W	$I_{照明}=(0.8\times 800\div 220)A\approx 3A$	2.5
空调器支路	柜式空调器	约3500W	$I_{空调}=(0.8\times 3500\div 220\times 3)A\approx 38A$	4
厨房支路	电冰箱、排烟机、微波炉、电饭煲等	约4000W	$I_{厨房}=(0.8\times 4000\div 220)A\approx 15A$	2.5
普通插座支路	电视机、组合音响、台式计算机、便携式计算机、吸尘器等	约3500W	$I_{插座}=(0.8\times 3500\div 220)A\approx 13A$	2.5
卫生间支路	洗衣机、浴霸、热水器等	约3500W	$I_{卫生间}=(0.8\times 3500\div 220)A\approx 13A$	4

八、导线截面积的选择

截面积为2.5mm²的导线其安全载流量为20A。在家装过程中,考虑购买导线时的一致性、布线时的便携性以及为日后用电量的增长留出裕量的安全性,即使像照明灯这样没有太大电流量的支路,也应选择2.5mm²的铜导线。也就是说,室内线路在选取时,导线最低截面积不得低于2.5mm²,而空调器等大功率电器要用4mm²的铜芯导线,入户线则应根据总用电量,选择不低于10mm²的铜芯导线。

选择铜芯导线进行暗敷操作时，可采用快速估算方法，使导线截面积（单位为 mm²）与额定载流量（单位为 A）约为 1:4 的关系，即 1mm² 截面积的铜芯导线的额定载流量约为 4A。

> **例**：一户家庭对厨房暗敷导线，采用暗装塑料管，每根管子穿 3 根线，具体耗电设备为：电冰箱 1500W 一个，灯 30W 一盏，电磁炉 1500W 两个，排烟机 1500W 一个，消毒柜 1500W 一个。所需导线的截面积为多少？
>
> **答**：根据表 3-10、表 3-11 可知，只要求出电流大小就可选择相应线径。电流大小可由公式 $I = P/U$ 求得。总功率 $P = 1500W + 30W + 1500W \times 2 + 1500W + 1500W = 7530W$，民用电压大小为 220V。可知 $I = 7530W/220V = 34.23A$，通过表 3-10、表 3-11 可知铜芯导线截面积需要 6mm²，铝芯导线截面积需要 10mm²。

表 3-10 500V 铝芯导线长期连续负荷允许载流量

导线截面积 /mm²	线芯结构			导线明敷设时允许的负荷电流/A				绝缘导线多根同穿在一根管内时允许的负荷电流/A 25°C					
	股数	单芯直径/mm	成品外径/mm	25°C		30°C		穿金属管			穿塑料管		
				橡皮	塑料	橡皮	塑料	2 根	3 根	4 根	2 根	3 根	4 根
2.5	1	1.7	5.0	27	25	25	23	21	19	16	19	17	15
4	1	2.2	5.5	35	32	33	30	28	25	23	25	23	20
6	1	2.7	6.2	45	42	42	39	37	34	30	33	29	26
10	7	1.3	7.8	65	59	61	55	52	46	40	44	40	35

表 3-11 500V 铜芯导线长期连续负荷允许载流量

导线截面积 /mm²	线芯结构			导线明敷设时允许的负荷电流/A				绝缘导线多根同穿在一根管内时允许的负荷电流/A 25°C					
	股数	单芯直径/mm	成品外径/mm	25°C		30°C		穿金属管			穿塑料管		
				橡皮	塑料	橡皮	塑料	2 根	3 根	4 根	2 根	3 根	4 根
1.0	1	1.13	4.4	21	19	20	18	15	14	12	13	12	11
1.5	1	1.37	4.6	27	24	25	22	20	18	17	17	16	14
2.5	1	1.76	5.0	35	32	33	30	28	25	23	25	22	20
4	1	2.24	5.5	45	42	42	39	37	33	30	33	30	25
6	1	2.73	6.2	58	55	54	51	49	43	39	43	38	34
10	10	1.33	7.8	85	75	79	70	68	60	53	59	52	46

做一做：

（1）一户家庭对卫生间敷导线，采用暗装塑料管，每根管子穿 3 根线，具体耗电设备为：热水器 2500W 一个，灯 30W 一盏，排风扇 100W 一个，洗衣机 1500W 一个，浴霸

2000W 一个。请问需要的铝芯导线截面积为多少。

（2）一户家庭对客厅敷导线，采用暗装塑料管，每根管子穿3根线，具体耗电设备为：墙壁射灯180W六个，水晶灯500W一盏，背景灯100W一个，电视机1500W一个，音响2000W一套。请问需要的铜芯导线截面积为多少。

九、室内线管的选择方案

室内用导线与电缆选择完成后，需要选择穿导线使用的线管，保证导线的截面积不超过线管截面积的40%，以保证线路正常散热。

当需要穿入3根导线时，若选择截面积为2.5mm²的导线，则应选择截面积为16mm²的线管；若选择截面积为4mm²的导线，则应选择截面积为19mm²的线管。导线截面积与线管截面积对应表见表3-12。

表3-12 导线截面积与线管截面积对应表　　　　　　（单位：mm²）

导线截面积/mm² \ 导线根数	2	3	4	5	6	7	8	9	10
1.0	13	16	16	19	19	25	25	25	25
1.5	13	16	19	19	25	25	25	25	25
2.0	16	16	19	19	25	25	25	25	25
2.5	16	16	19	25	25	25	25	25	32
3.0	16	16	19	25	25	25	25	25	32
4.0	16	19	25	25	25	25	32	32	32
5.0	16	19	25	25	25	25	32	32	32
6.0	16	19	25	25	25	32	32	32	32
8.0	19	25	25	32	32	32	38	38	38
10	25	25	32	32	38	38	38	51	51
16	25	32	32	38	38	51	51	51	64
20	25	32	38	38	51	51	51	64	64
25	32	38	38	51	51	64	64	64	64
35	32	38	51	51	64	64	64	64	76
50	38	51	64	64	64	64	76	76	76
70	38	51	64	64	76	76	76		
95	51	64	64	76	76				

十、灯座与白炽灯

◆ **引导问题**

1. 借助多媒体上网搜寻或查找相关书籍，回答下列问题：

（1）白炽灯具有＿＿＿＿、＿＿＿＿、＿＿＿＿、＿＿＿＿等特点。一般灯泡为无色透明灯泡，也可根据需要制成磨砂灯泡、乳白灯泡及彩色灯泡。

(2) 对照你所领取的灯，记录灯上的铭牌内容，并描述它们的含义。
(3) 灯座的结构是卡口式还是螺口式？
(4) 灯泡上显示的"40W"是什么含义？
2. 你所领取的灯座是属于以上的哪一种？

◆ **咨询资料**

白炽灯由灯丝、玻璃壳、玻璃支架、引线、灯头等组成，如图3-8所示。灯丝一般用钨丝制成，当电流通过灯丝时，由于电流的热效应，灯丝温度上升至白炽程度而发光。40W以下的灯泡，制作时将玻璃壳内抽成真空；40W及以上的灯泡则在玻璃壳内充有氩气或氮气等惰性气体，使钨丝在高温时不易挥发。

白炽灯的种类很多，按其灯头结构可分为卡口式和螺口式两种，按其额定电压分为6V、12V、24V、36V、110V和220V 6种。就其额定电压来说，有6～36V的安全照明灯泡，作局部照明用，如手提灯、车床照明灯等；有220～230V的普通白炽灯泡，作一般照明用。按其用途可分为普通照明用白炽灯、投光型白炽灯、低压安全灯、红外线灯及各类信号指示灯等。各种不同额定电压的灯泡，其外形很相似，所以在安装使用灯泡时应注意灯泡的额定电压必须与线路电压一致。

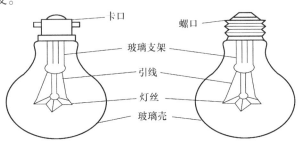

图3-8 白炽灯的结构

灯座是供普通照明用白炽灯泡和气体放电灯管与电源连接的一种电气装置。灯座的种类很多，分类方法也有多种。

1）按与灯泡的连接方式不同，分为螺口式和卡口式两种，这是灯座的首要特征分类。
2）按安装方式不同，则分为悬吊式、平装式、管接式三种。
3）按材料不同，则分为胶木、瓷质和金属灯座。
4）其他派生类型还有防雨式、安全式、带开关、带插座二分火、带插座三分火等多种。

十一、开关

◆ **引导问题**

1. 开关的作用是什么？
2. 你所领取的开关是属于哪一种？
3. 你所领取的开关有相应的铭牌吗？上面有哪些信息，请你列出，并说明它的含义。

◆ **咨询资料**

1. 开关的类型
按装置方式，可分为明装式（明线装置用）、暗装式（暗线装置用）、悬吊式（开关处于悬垂状态使用）、附装式（装设于电气器具外壳）。

按操作方法，可分为跷板式、倒扳式、拉线式、按钮式、推移式、旋转式、触摸式和感应式。

按接通方式，可分为单联（单投、单极）、双联（双投、双极）、单控（单位单控、双位单控、多位单控）、双控（间歇双投）和双路（同时接通两路）。

常用开关如图3-9所示。

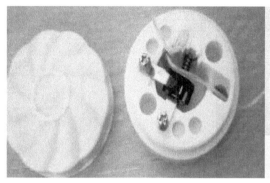

图3-9　常用开关

2. 单控开关的安装连接

单控开关是指只对一条线路进行控制的开关。

（1）单控开关安装前的设计规划　单控开关安装前，应根据应用环境及便于用户使用的原则对单控开关的安装位置进行规划，规划后进行合理的布线，并在开关安装处预留出足够长的导线，用于开关的连接。

单控开关安装在室内进门处，安装位置距地面的高度应为1.3m，距门框的距离应为0.15～0.2m。

（2）单控开关的安装要求　单控开关控制照明线路的结构和原理十分简单，按动单控开关面板上的开关按钮，即可控制照明灯的点亮和熄灭。

单控开关控制的照明线路的接线示意图如图3-10所示。图中预留了导线端子及选配的安装部件，单控开关与照明灯具串接在一起，对灯具进行控制，在预留的导线中的4根导线分别为电源供电端预留的相线（红色）、零线（蓝色）和灯具预留的相线（红色）、零线（蓝色）。

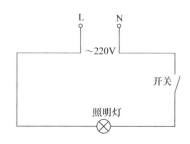

图3-10　单控开关接线示意图

安装单控开关时选配的单控开关接线盒要与单控开关相匹配，且单控开关接线盒应当与墙面中的凹槽相符。在固定单控开关接线盒时，若出现磨损现象，应防止漏电情况的发生。

（3）单控开关的安装操作　单控开关的安装主要可以分为单控开关接线盒的安装、单控开关的接线、单控开关面板的安装三部分内容。

1）单控开关接线盒的安装。单控开关安装前，应先对单控开关接线盒进行安装，然后将单控开关固定到单控开关接线盒上，完成单控开关的安装。

安装单控开关接线盒如图3-11所示。

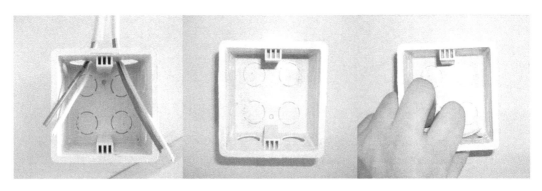

图3-11　安装单控开关接线盒

按下单控开关接线盒同一侧的两个挡片后，将单控开关接线盒嵌入到墙的开槽中，注意不允许出现歪斜，且单控开关接线盒的外部边缘处与墙面应保持齐平。单控开关接线盒嵌入墙内后，再使用水泥砂浆填充接线盒与墙之间的多余空隙。

2）单控开关的接线。单控开关接线前，应将单控开关的护板取下，以便接线完成后拧入固定螺钉将单控开关固定在墙面上，且安装时最好在单控开关关闭状态进行安装。用一字槽螺钉旋具将单控开关两侧的护板卡扣撬开，将单控开关护板取下，检查单控开关是否处于关闭状态。如果单控开关处于开启状态，则要将单控开关拨至关闭状态。单控开关安装的准备工作完成后，将单控开关接线盒中电源供电的零线与照明灯具的零线（蓝色）进行连接。由于照明灯具的连接线均使用硬铜线，因此在连接零线时需要借助尖嘴钳进行连接，并使用绝缘胶带对其进行绝缘处理。

在布线时，预留出的接线端子长度应当为10～12mm，若预留的连接端子长于单控开关连接的标准长度，则需要使用偏口钳将多余的连接线剪断。

将电源供电端相线（红色）的预留端子穿入单控开关其中一根接线柱中，穿入后，选择合适的十字槽螺钉旋具拧紧单控开关接线柱的固定螺钉。再将照明灯具连接端的相线（红色）预留端子穿入单控开关的另一个接线柱中，使用十字槽螺钉旋具拧紧单控开关接线柱的固定螺钉。

十二、照明线路常见故障及其检修

照明线路在运行中，会因为各种原因出现故障，如线路老化、电气设备故障（开关、灯座、灯泡、插座）等。其故障检修流程为：了解故障现象→故障现象分析→故障检修。常见故障及其检修方法参见表3-13。

表 3-13　照明线路常见故障及其检修方法

故障名称	故 障 原 因	故障排除方法
灯泡不亮	1）灯泡钨丝烧断 2）电源熔断器的熔丝烧断 3）灯座或开关接线松动或接触不良 4）线路中有断路故障	1）调换新灯泡 2）检查熔丝烧断的原因并更换熔丝 3）检查灯座和开关的接线并修复 4）用验电器检查线路的断路处并修复
开关合上后熔断器熔丝熔断	1）灯座内两线头短路 2）螺口灯座内中心铜片与螺旋铜圈相碰短路 3）线路中发生短路 4）电器元件发生短路 5）用电量超过熔丝容量	1）检查灯座内两线头并修复 2）检查灯座并扳中心铜片 3）检查导线绝缘是否老化或损坏并修复 4）检查电器元件并修复 5）减小负载或更换熔断器
灯泡忽亮忽灭	1）灯丝烧断，但受振动后忽接忽离 2）灯座或开关接线松动 3）熔断器熔丝接触不良 4）电源电压不稳	1）更换灯泡 2）检查灯座和开关并修复 3）检查熔断器并修复 4）检查电源电压
灯泡发强烈白光，并瞬时或短时烧毁	1）灯泡额定电压低于电源电压 2）灯泡钨丝有搭丝，从而使电阻减小，电流增大	1）更换与电源电压相符合的灯泡 2）更换新灯泡
灯光暗淡	1）灯泡内钨丝挥发后积聚在玻璃壳内，表面透光度降低，同时由于钨丝挥发后变细，电阻增大，电流减小，光通量减小 2）电源电压过低 3）线路因老化或绝缘损坏有漏电现象	1）正常现象，不必修理 2）提高电源电压 3）检查线路，更换导线

单控开关的相线（红色）连接部分连接完成后，为了在以后的使用过程中方便对单控开关进线维修及更换，通常会预留比较长的连接线，要将连接好的导线盘绕在单控开关接线盒中，如图 3-12 所示。

单控开关的接线完成后，即可将其单控开关面板固定到单控开关的接线盒上，完成单控开关的安装。

单控开关接线完成后，将单控开关放置到单控开关接线盒上，使单控开关面板的固定点与单控开关接线盒两侧的固定点相对应，然后选择合适的固定螺钉将开关面板固定。

单控开关底板固定完成后，将单控开关两侧的护板安装到单控开关面板上，至此单控开关便安装完成，如图 3-13 所示。

图 3-12　将连接好的导线盘绕在单控开关接线盒中

图 3-13 单控开关安装完成

单控开关安装完成后，并不能立刻使用，还要对安装后的单控开关进行检验操作，以免单控开关已经损坏，或存在接线错误。检验后，照明灯具可以点亮则表明单控开关安装正确，如果照明灯具无法点亮则表明单控开关安装错误，或者检查是否将电源打开。检验完成后，便可以进行单控开关的使用了。

十三、现场施工管理

企事业单位为保证现场工作能有序运行，根据行业不同特点，建立系列管理制度，如电气维修工单的工作制度、操作票制度等，虽名称有所不同，实质都是为了操作、维修过程及时、可控、可查，保证人与设备的安全性、可靠性。当然，如果承担一个较大的安装工程，必须有一定资质的公司并签订承包合同或施工协议。

（1）整理　首先，对工作现场物品进行分类处理，区分为必要物品和非必要物品、常用物品和非常用物品、一般物品和贵重物品等。

（2）整顿　对非必要物品果断丢弃，对必要物品要妥善保存，使工作现场秩序井然、井井有条，并能经常保持良好状态。这样才能做到想要什么，即刻便能拿到，有效地消除寻找物品的时间浪费和手忙脚乱。

（3）清扫　对各自岗位周围、办公设施进行彻底清扫、清洗，保持无垃圾、无脏污。

（4）清洁　维护清扫后的整洁状态。

（5）修养　将上述四项内容切实执行、持之以恒，从而养成习惯。

（6）安全　上述一切活动，始终贯彻一个宗旨：安全第一。

学习活动三　制订工作计划

请阅读现场施工图，用自己的语言描述具体的工作内容，制订工作计划；列出所需要的工具和材料清单。

1. 请依实际情况制订工作计划，填写表 3-14。

表 3-14　书房一控一灯照明线路施工情况工作计划

施工单位		完成的时间	
施工目的和施工工艺要求	施工目的		施工工艺要求
项目负责人		安全负责人	
质量验收负责人		工具与材料领取员	
技术人员 （负责安装人员）		实施的具体步骤	1. 2. 3.

2. 请列举所要用的工具和材料清单，填写表3-15。

表 3-15　材料清单

名　　称	规　　格	数　　量	备　　注

3. 你在领取材料时应以什么为依据进行核对？
4. 你所领取的材料和器件用何种仪表检验？如有质量问题，你应当怎样协调解决？
5. 请认真阅读工作情景描述及相关资料，用自己的语言填写维修工作任务单（见表3-16）。

表 3-16　维修工作任务单

维修地点					
维修项目				保修周期	
维修原因					
报修部门		承办人		报修时间	20　年　月　日
		联系电话			
维修单位		责任人		承接时间	20　年　月　日
		联系电话			
维修人员				完工时间	20　年　月　日
验收意见				验收人	
处室负责人签字			维修处室负责人签字		

（1）填完工作任务单后你对此工作有信心吗？
（2）看到此项目描述后你知道应如何组织计划并实施完成吗？
（3）你认为工程项目现场环境、管理应如何做才能有序、保质保量地完成任务。
（4）为了顺利完成任务、方便学习、提高工作效率，在咨询教师后，与班里同学协商，合理分成学习小组（组长自选，小组名自定，例如宇宙组），分组名单填入表3-17，工序及工期安排填入表3-18。

表 3-17　分组名单

小组名	组　　长	组　　员

表 3-18 工序及工期安排

序 号	工作内容	完成时间	备 注

学习活动四 任务实施

一、施工步骤

设计电路图→测试元器件→定位→固定元器件→连线→自检→通电→交付验收。

二、安装工艺要求

1. 元器件布置要合理。
2. 电路连线工艺要美观,走线横平竖直,不压线,不反圈,导线与接触点连接处需裸露导线长 0.5cm。
3. 相线进开关,通过开关进灯头;零线直接进灯头。
4. 元器件固定可靠,导线连接可靠,连接导线不受机械力。
5. 接线盒内导线预留 10~15cm。

三、技术规范

1. 接线盒内预留足够的导线,并分清导线颜色。
2. 接线盒内导线绝缘层剥离长 2cm。
3. 下线后,接线盒内导线要分别包头,并回旋放入盒中。

四、安全要求

1. 开关、电能表与断路器在投入运行前要进行外观检查,各部分结构应没有缺陷。
2. 开关、电能表与断路器投入运行前必须进行各种绝缘性能测试,绝缘等级符合要求方可使用。
3. 停送电联系必须是专人负责,其余任何人无权下令停送电。
4. 停电后,必须认真执行验电步骤,并做好短路接地措施。
5. 电器元件在使用前必须进行测试,技术参数符合技术要求方可使用。
6. 学生未经自检不能向教师提出通电试验请求。
7. 未经教师验收和批准上电,不准通电试验。

五、室内电气照明线路塑料护套线明配线工艺标准

1. 材料要求

1)塑料护套线:导线的规格、型号必须符合设计要求。

2）接线端子：选用时应根据导线的根数和总截面积选择相应规格的接线端子。

2. 质量标准

安装要求如下：

1）护套线敷设应平直、整齐、固定可靠，穿过梁、墙、楼板和跨越线路等处有保护管。跨越建筑物变形缝的导线两端固定牢固，应留有补偿裕量。

2）导线明敷部分紧贴建筑物表面，多根平行敷设间距一致，分支和弯头处整齐。

3）导线连接牢固，包扎严密，绝缘良好，不伤线芯，接头设在接线盒或电气器具内，板孔内无接头；接线盒位置正确，盒盖齐全，导线进入接线盒或电气器具内要留有适当裕量。

3. 验收标准

验收时，应对下列项目进行检查：

1）开关安装正确，动作正常。

2）电器元件、设备的安装固定应牢固、平正。

3）电器通电试验、灯具试亮及灯具控制性能良好。

4）开关、插座、终端盒等器件外观良好，绝缘件无裂纹，安装牢固、平正，安装方法得当。

完成后，学生对照自己的成果进行直观检查，学生自己完成"自检"部分内容，同时也可以由老师安排其他同学（同组或别组同学）进行"互检"，并填写表3-19。

表3-19 自检、互检表格

项　目	自　检		互　检	
	合　格	不合格	合　格	不合格
按照电路图进行敷设				
电源开关控制的是相线				
各器件固定的牢固性				
相线、零线选择的颜色				
接线桩处工艺（有反圈、飞边、漏铜过多为不合格）				
线卡牢固				
线卡距离				
灯、开关的安装高度				
各部分位置、尺寸				
接线端子可靠				
维修预留长度				
导线绝缘层无损坏				
接线的正确性				
护套线的布线工艺性				
美观协调性				

"自检"和"互检"完成后，根据自己或同学发现的问题，进行及时修正。

六、评价要点

1. 自评

请根据工程完工情况,用自己的语言描述具体的工作内容,并填写表 3-20。

表 3-20 评分表

评分项目	评价指标	标准分	评　分
安全施工	是否做到了安全施工	10	
工具使用	使用是否正确	5	
接线工艺	接线是否符合工艺,布线是否合理	40	
自检	能否用数字万用表进行电路检测	10	
电路连接情况	能否试电成功,满足设计要求	20	
现场清理	是否清理现场	5	
团结协作	小组成员是否团结协作	10	

2. 教师点评

1)对各小组的讨论学习及展示点评。

2)对各小组施工过程与施工成果点评。

3)对各小组故障排查情况与排查过程点评。

学习活动五　综 合 评 价

评价表见表 3-21。

表 3-21 评价表

评价项目	评价内容	评价标准	评价主体	
			自评	互评
职业素养	安全意识 责任意识	A. 作风严谨,遵守纪律,出色完成任务,90~100 分 B. 能够遵守规章制度,较好地完成工作任务,75~89 分 C. 遵守规章制度,没完成工作任务,60~74 分 D. 不遵守规章制度,没完成工作任务,0~59 分		
	学习态度	A. 积极参与学习活动,全勤,90~100 分 B. 缺勤达到任务总学时的 10%,75~89 分 C. 缺勤达到任务总学时的 20%,60~74 分 D. 缺勤达到任务总学时的 30%,0~59 分		
	团队合作	A. 与同学协作融洽,团队合作意识强,90~100 分 B. 与同学能沟通,协同工作能力较强,75~89 分 C. 与同学能沟通,协同工作能力一般,60~74 分 D. 与同学沟通困难,协同工作能力较差,0~59 分		

学习任务三 照明线路的安装与检修

(续)

评价项目	评价内容	评价标准	评价主体	
			自评	互评
专业能力	学习活动二 学习相关知识	A. 学习活动评价成绩为 90~100 分 B. 学习活动评价成绩为 75~89 分 C. 学习活动评价成绩为 60~74 分 D. 学习活动评价成绩为 0~59 分		
	学习活动三 制订工作计划	A. 学习活动评价成绩为 90~100 分 B. 学习活动评价成绩为 75~89 分 C. 学习活动评价成绩为 60~74 分 D. 学习活动评价成绩为 0~59 分		
创新能力		学习过程中提出具有创新性、可行性的建议	加分	
班级		姓名	综合评价等级	

复习思考题

1. 通过书房一控一灯的安装过程，学到了什么（专业技能和技能之外的东西）？
2. 安装质量存在问题吗？若有问题，是什么问题？什么原因导致的？下次该如何避免？
3. 两地控制是如何实现的？

子任务二 跃式楼（两地、三地控制）照明线路的安装与检修

学习目标：

1. 能独立阅读"跃式楼（两地、三地控制）照明线路的安装"工作要求，明确工时、工艺要求和人员分工，叙述个人任务要求。
2. 能熟悉开关（单刀双掷）的特点，识别单联双控开关的图形符号，能读懂电路原理图、施工图，描述施工现场特征，制订工作计划。
3. 能根据任务要求和施工图样，列举所需工具和材料清单，准备工具，领取材料。
4. 能按照作业规程应用必要的标志和隔离措施，准备现场工作环境。
5. 能按图样、工艺要求、安全规程要求施工，会使用冲击钻。
6. 施工后，能按施工任务书的要求利用万用表进行检测。
7. 能按电工作业规程作业，作业完毕后能清点工具、人员，收集剩余材料，清理工程垃圾，拆除防护措施。
8. 能正确交付验收。

学习活动一　明确工作任务

一、工作情境描述

××小区有房屋需要进行装修，客户要求在跃式楼楼梯位置安装灯具。控制方式：楼梯用两个单联双控开关控制一盏楼梯灯（控制开关分别在楼梯口的楼上和楼下位置），主客厅用三地控制一盏灯方式进行安装（控制开关分别在进户门边、一楼楼梯口、二楼楼梯口）。敷设电路的施工方式采用暗敷方式。工时为5h，要求按照电工安全操作规程进行安装，并符合国家电工安装工艺标准。此任务交由电工班完成，电工班接受此任务，要求在规定期限内完成安装，并交付有关人员验收。

二、工作任务单（见表3-22）

表3-22　某物业管理责任有限公司工作任务单

××年××月××日　　　　　　　　　　　　　　　　　　　　　　　　　　　　　No. 0009

报修项目	楼房号	3号楼	报修人	王××	联系电话	8530××××
	报修事项：××小区3号楼B座的住宅需要照明安装改造，现要求用塑料护套线暗敷方式在跃式楼楼梯位置安装灯具，控制方式为用两个单联双控开关控制一个灯和三地控制一盏灯，要求5h内完成					
	报修时间	10：00	要求完成时间	17：00	派单人	李×
维修项目	接单人	李××	维修开始时间	13：00	维修完成时间	15：35
	所需材料：单联双控开关6个（型号自定），螺口白炽灯2只（220V，100W），螺口灯座2只，接线盒5只，圆木1只，塑料硬导线、膨胀螺钉、绝缘胶带、常用工具及量具、施工图、工作任务单、安全操作规程等					
	维修部位	跃式楼楼梯位置		维修人员签字	张××	
	维修结果	可以使用		班组长签字	赵×	
验收项目	维修人员工作态度是否端正：是□　否□ 本次维修是否已解决问题：是□　否□ 是否按时完成：是□　否□ 客户评价：非常满意□　基本满意□　不满意□ 客户意见或建议：					
	客户签字						

◆ 引导问题

1. 该项工作在什么地点进行？
2. 该项工作要求多长时间完成？
3. 该项工作的具体内容是什么？
4. 该项工作完成后交给谁验收？
5. 该项工作怎样才算完成了？

◆ **咨询资料**

工作任务单是上级部门安排电工班组执行任务的书面指令。工作任务单的主要内容包括工作内容、定额工时、完成期限、所需材料、安全措施和技术质量等。同时，在施工过程中由班组按时填写实际完成进度、实际用工时数、实际材料消耗等。任务完成后，填写相关内容，交由验收人员验收并加以评价。

学习活动二　学习相关知识

一、电路原理设计

◆ **引导问题**

1. 单联双控开关的结构和特点是什么？
2. 根据图 3-14 提供的器件设计两地控制一盏灯电路并画出电路图。
3. 根据电气原理图，请分析图示位置的两个开关控制的灯泡：当接通电源时，该灯泡处于发光状态还是熄灭状态？
4. 冲击钻的作用是什么？有哪些品牌？怎样使用？冲击钻一般情况下为何不能用来作为电钻使用？
5. 根据两地控制电路图，设计三地控制电路图。

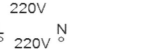　　

图 3-14　电气原理图

◆ **咨询资料**

1. 单联双控开关（单刀双掷开关）

（1）器件简介　"联（刀）"和"控（掷）"的概念一般用在刀开关上。"联"就是活动的触头，而"控"则表示对应这一刀片有几个静触头，也就是说一个刀片可以和几个定触头分别接触。单联双控表示一个刀片可以分别与两个静触头闭合（书房一控一灯的安装中用到的开关是单联单控开关（单刀单掷开关），就是只有一个刀片，只能和一个静触头闭合）。单联双控开关有一个动触头和两个静触头，其外形图及结构示意图如图 3-15 所示。

（2）器件检测　单联双控开关共 3 个接线桩，上面一个为动触头"刀"（公共触头），下面两个为"掷"（静触头），如图 3-16 所示。用万用表检测其好坏的方法：

将万用表的档位置于 R×1 档，首先进行机械调零，将其中一支表笔接在公共触头上，将另一支表笔分别与下面的两个静触头连接，按动开关，观察开关的通断情况。如果公共触头与两个静触头之间总是处于一通一断的状态，则开关正常；如果公共触头与两个静触头之间总是处于全通或全断的状态，则开关失灵。

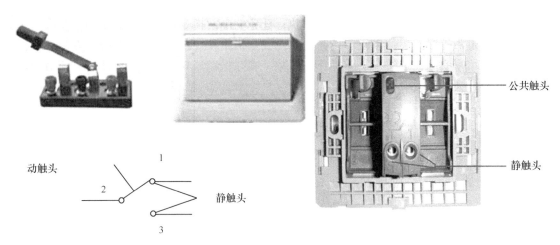

图 3-15　单联双控开关的外形图及结构示意图　　图 3-16　单联双控开关的检测

2. 冲击钻

冲击钻是一种既能转动又能冲击的电动工具。它带有可调机构，当调节环在转动而无冲击位置时，可装上麻花钻头在金属上进行钻孔。当调节环在转动和带冲击位置上时，安上带硬质合金的钻头，可在砖面、混凝土墙、屋面进行钻孔。

冲击钻一般情况下不能用来作电钻使用，其原因为：

1）因为冲击钻在使用时方向不易把握，容易出现误操作，开孔偏大。

2）因为钻头不锋利，使所开的孔不工整，出现毛刺或裂纹。

3）由于转速很快，很容易使开孔处发黑并使钻头发热，影响钻头的使用寿命。

二、电路实物分析

◆ 引导问题

请根据图 3-17 所示了解单联双控开关的电路特点，查阅电工手册识别单联双控开关的图形符号。

1. 根据实物示意图分析，哪里开灯，哪里关灯。

2. 单联单控开关能否应用在本工作任务中？为什么？

3. FU 是什么？有必要使用吗？

◆ 咨询资料

两地控制电路原理图如图 3-18 所示。

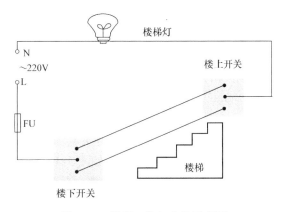

图 3-17　楼道双控灯实物示意图

学习任务三 照明线路的安装与检修

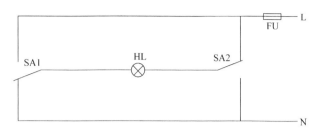

图3-18 两地控制电路原理图

三、电路连接方法与要点

◆ 引导问题

1. 单联双控开关的安装设计要求是什么？
2. 单联双控开关安装时如何留线？留几根？

◆ 咨询资料

1. 单联双控开关的安装连接

单联双控开关是指可以对照明灯具进行两地控制的开关，该开关主要使用在两个开关控制一盏灯的环境下。它也可分为单位双控开关、双位双控开关和多位双控开关等。图3-19为单位双控开关的实物外形，其外形结构与单控开关相同，但背部的接线柱有所不同，线路的连接方式也有很大的区别，因此，可以实现双控的功能。

 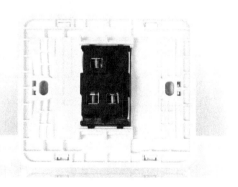

图3-19 单联双控开关的实物外形

（1）单联双控开关安装前的设计规划　双控开关安装前，也应根据应用环境及便于用户使用的原则对两个双控开关的安装位置进行规划，规划后进行合理的布线，并在双控开关安装处预留出足够长的导线，用于双控开关的连接。

（2）单联双控开关的安装操作　双控开关控制照明线路时，按动任何一个双控开关面板上的开关键钮，都可控制照明灯的点亮和熄灭；也可按动其中一个双控开关面板上的按钮点亮照明灯，然后通过另一个双控开关面板上的按钮熄灭照明灯。

双控开关接线盒内预留导线及线路的敷设方式如图3-20、图3-21所示。

图 3-20　双控开关接线盒内预留导线

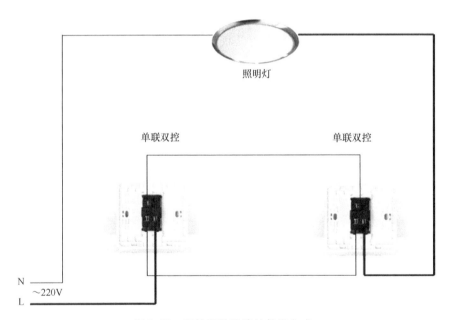

图 3-21　双控开关线路的敷设方式

进行双控开关的接线时,其中一个双控开关的接线盒内预留 5 根导线,而另一个双控开关接线盒内只需预留 3 根导线,从而实现双控。连接时,需根据接线盒内预留导线的颜色进行正确的连接。

双控开关的安装主要可以分为双控开关接线盒的安装、双控开关的接线、双控开关面板的安装三部分内容。

1) 双控开关接线盒的安装:双控开关接线盒的安装方法同单控开关接线盒的安装方法相同,在此不再赘述。

2) 双控开关护板的拆卸:双控开关接线时也应做好安装前的准备工作,将其开关的护板取下,便于拧入固定螺钉将开关固定在下线盒上。

将一字槽螺钉旋具插入双控开关护板的双控开关底座的缝隙中,撬动双控开关护板,将其取下，取下后，即可进行线路的连接了，如图3-22所示。

图3-22　双控开关护板的拆卸方法

3）双控开关的接线：需分别对两地的双控开关进行接线和安装操作，安装时，应严格按照开关接线图和开关上的标志进行连接，以免出现错误连接，不能实现两地控制功能。

① 单联双控开关与5根预留导线的连接。

a. 将双控开关接线盒中电源供电的零线（蓝）与照明灯的零线（蓝色）进行连接。若预留的导线为硬铜线，在连接零线时需要借助尖嘴钳进行连接，并使用绝缘胶带对其进行绝缘处理。

b. 将连接好的零线盘绕在接线盒内，使用合适的螺钉旋具将三个连接柱上的固定螺钉分别拧松，以进行线路的连接。

c. 将电源供电端相线（红色）的预留端子插入双控开关的接线柱L中，插入后，选择合适的十字槽螺钉旋具拧紧该接线柱的固定螺钉。

将两根控制线（黄色）的预留端子分别插入双控开关的接线柱L1和L2中，插入后，选择合适的十字槽螺钉旋具拧紧该接线柱的固定螺钉。

控制线包括L1和L2，连接时应注意导线上的标记，该导线连接线盒时，打扣的为L2控制线，另一个则为L1控制线，至此，双控开关与5根预留导线的接线便完成了。如图3-23所示。

② 双控开关与3根预留导线的连接。将两根控制线（黄色）的预留端子分别插入开关的接线柱L1和L2中，插入后，选择合适的十字槽螺钉旋具拧紧该接线柱的固定螺钉。

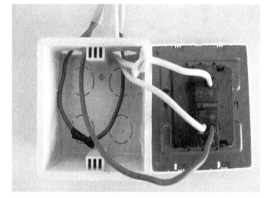

图3-23　控制线连接完成

连接时，需通过打扣与否辨别控制线L1和L2。将照明灯相线（红色）的预留端子插入双控开关的接线柱L中，插入后，选择合适的十字槽螺钉旋具拧紧该接线柱的固定螺钉。至此，双控开关与3根预留导线的接线便完成了。

4）双控开关面板的安装：双控开关接线完成后，将多余的导线盘绕到双控开关接线盒内，并将双控开关放置到双控开关接线盒上，使双控开关面板的固定点与双控开关接线盒两侧的固定点相对应，但如果发现双控开关的固定孔被双控开关的按板遮盖住，此时，需将双控开关按板取下。取下双控开关的按板后，在双控开关面板与双控开关接线盒的对应固定孔中拧入固定螺钉，固定双控开关，然后再将双控开关护板安装上。

将双控开关护板安装到双控开关面板上，使用同样的方法将另一个双控开关面板安装上，至此，双控开关面板的安装便完成了，如图3-24所示。

安装完成后，也要对安装后的双控开关进行检验操作，将室内的电源接通，按下其中一个双控开关，照明灯应点亮，然后按下另一个双控开关，照明灯应熄灭。否则，说明双控开关安装不正确，应进行检查。

图3-24 双控开关安装完成

2. 多控开关的安装连接

多控开关的安装连接是由两个双控开关和中间的多控开关实现的。所谓多控开关是指双刀双掷开关，若要实现多控，只要增加中间双刀双掷开关的数量，就可以实现多地点控制一盏灯。图3-25为多控开关的实物外形及接线示意图。

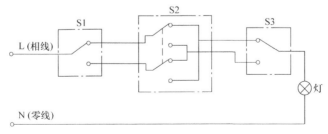

图3-25 多控开关的实物外形及接线示意图

学习活动三 制订工作计划

请阅读现场施工图,用自己的语言描述具体的工作内容,制订工作计划;列出所需的工具和材料清单等。

1. 请你根据实际情况制订工作计划,填写表 3-23。

表 3-23 两地控制一盏灯施工情况工作计划

施工单位			完成的时间	
施工目的和要求	施工目的		施工工艺要求	
项目负责人			安全负责人	
质量验收负责人			工具与材料领取员	
技术人员 (负责安装人员)		实施的具体步骤	1. 2. 3. 4.	

2. 请你列举所要用的工具和材料清单,填写表 3-24。

表 3-24 材料清单

名　称	规　格	数　量	备　注

3. 你在领取材料时应以什么为依据进行核对?
4. 你所领取的材料和器件用何种仪表检验?如有质量问题,你应当怎样协调解决?
5. 请认真阅读工作情景描述及相关资料,用自己的语言填写维修工作任务单(见表 3-25)。

表 3-25 维修工作任务单

维修地点				
维修项目			保修周期	
维修原因				
报修部门		承办人	报修时间	20 年 月 日
		联系电话		
维修单位		责任人	承接时间	20 年 月 日
		联系电话		
维修人员			完工时间	20 年 月 日
验收意见			验收人	
处室负责人签字			维修处室负责人签字	

(1) 填完工作任务单后你对此工作有信心吗?
(2) 看到此项目描述后你想到应如何组织计划并实施完成了吗?
(3) 你认为工程项目现场环境、管理应如何才能有序、保质保量地完成任务。
(4) 为了施工任务实施、学习方便、工作高效,在咨询教师前提下,你与班里同学协商,合理分成学习小组(组长自选,小组名自定,例如:清华组),并填写表3-26和表3-27。

表3-26 小组名单与分工

小组名	组长	组员及分工

表3-27 工序及工期安排

序 号	工作内容	完成时间	备 注

学习活动四 任务实施

一、施工步骤

设计电路图→测试元器件→定位→固定元器件→连线→自检→通电→交付验收。

二、工艺要求

1. 元器件布置要合理。
2. 电路连线工艺要美观,走线横平竖直,不压线,不反圈,导线与接触点连接处需裸露导线0.5cm。没有架空线。
3. 相线进开关,通过开关进灯头;零线直接进灯头。
4. 元器件固定可靠,导线连接可靠,连接导线不受机械力。
5. 接线盒内导线预留10~15cm。

三、技术规范

1. 接线盒内预留足够的导线,并分清导线颜色。
2. 接线盒内导线绝缘层剥离2cm。
3. 下线后,接线盒内导线要分别包头,并回旋放入盒中。
4. 导线有分支时,连接或需要打回头,并用PVC管和绝缘胶带进行包缠。
5. 施工完成后,必须经过自我检验,保证通路和满足控制要求。

四、安全要求

1. 开关、电能表与断路器在投入运行前要进行外观检查,各部结构应没有缺陷。

2. 开关、电能表与断路器投入运行前必须进行各种绝缘性能测试，绝缘等级符合要求方可使用。

3. 停送电联系必须是专人负责，其余任何人无权下令停送电。

4. 停电后，必须认真执行验电步骤，并做好短路接地措施。

5. 电器元件在使用前必须进行测试，技术参数符合技术要求方可使用。

6. 学生未经自检不能向教师提出通电试验请求。

7. 未经教师验收和批准上电，不准通电试验。

五、项目验收

根据表 3-28，用自己的语言描述验收工作的内容。

表 3-28 工作任务单中的验收项目

验收项目	维修人员工作态度是否端正：是■　否□
	本次维修是否已解决问题：是■　否□
	是否按时完成：是■　否□
	客户评价：非常满意□　基本满意■　不满意□
	客户意见或建议：
	客户签字　　　　　李小明

六、故障排查

排查故障，填写表 3-29。

表 3-29 排查记录

序号	故障问题	故障现象	排查问题	得分

七、评价要点

1. 自评

请根据工程完工情况，用自己的语言描述具体的工作内容，并填写表 3-30。

表 3-30 评分表

评分项目	评价指标	标准分	评分
安全施工	是否做到了安全施工	10	
工具使用	使用是否正确	5	
接线工艺	接线是否符合工艺，布线是否合理	40	
自检	能否用数字万用表进行电路检测	10	
电路连接情况	能否试电成功，满足设计要求	20	
现场清理	是否清理现场	5	
团结协作	小组成员是否团结协作	10	

2. 教师点评

1）对各小组的讨论学习及展示点评。

2）对各小组施工过程与施工成果点评。

3）对各小组故障排查情况与排查过程点评。

学习活动五 综 合 评 价

评价表见表3-31。

表3-31 评价表

评价项目	评价内容	评价标准	评价主体	
			自评	互评
职业素养	安全意识责任意识	A. 作风严谨，遵守纪律，出色地完成任务，90~100分 B. 能够遵守规章制度，较好地完成工作任务，75~89分 C. 遵守规章制度，没完成工作任务，60~74分 D. 不遵守规章制度，没完成工作任务，0~59分		
	学习态度	A. 积极参与学习活动，全勤，90~100分 B. 缺勤达到任务总学时的10%，75~89分 C. 缺勤达到任务总学时的20%，60~74分 D. 缺勤达到任务总学时的30%，0~59分		
	团队合作	A. 与同学协作融洽，团队合作意识强，90~100分 B. 与同学能沟通，协同工作能力较强，75~89分 C. 与同学能沟通，协同工作能力一般，60~74分 D. 与同学沟通困难，协同工作能力较差，0~59分		
专业能力	学习活动一明确工作任务	A. 学习活动评价成绩为90~100分 B. 学习活动评价成绩75~89分 C. 学习活动评价成绩为60~74分 D. 学习活动评价成绩为0~59分		
	学习活动二学习相关知识	A. 学习活动评价成绩为90~100分 B. 学习活动评价成绩75~89分 C. 学习活动评价成绩为60~74分 D. 学习活动评价成绩为0~59分		
	学习活动三制订工作计划	A. 学习活动评价成绩为90~100分 B. 学习活动评价成绩75~89分 C. 学习活动评价成绩为60~74分 D. 学习活动评价成绩为0~59分		
创新能力		学习过程中提出具有创新性、可行性的建议	加分	
班级		姓名	综合评价等级	

复习思考题

1. 既然能进行两地控制、三地控制，四地控制和五地控制可以吗？如何实现？
2. 施工中小组人员的协助重要吗？为什么？
3. 安全措施是必需的吗？为什么？
4. 工作后你有哪些收获？

子任务三 寝室照明线路的安装与检修

学习目标：

1. 能根据任务要求填写工作任务单，明确工时、工艺要求，进行人员分工。
2. 能根据施工图样勘查施工现场，制订工作计划。
3. 能根据任务要求和施工图样，列举所需工具和材料清单，准备工具，领取材料。
4. 能够按照安装工艺进行敷设。
5. 能按照作业规程应用必要的标志和隔离措施，准备现场工作条件。
6. 能按图样、工艺要求、安全规程要求进行护套线明装配线施工。
7. 施工后，能按施工任务书的要求利用万用表进行检测。
8. 能正确标注有关控制功能的铭牌标签。
9. 按电工作业规程，作业完毕后墙面、地面恢复原状，清点工具、人员，收集剩余材料，清理工程垃圾，拆除防护措施。
10. 能正确填写任务单的验收项目，并交付验收。
11. 能进行工作总结与评价。

学习活动一 明确工作任务

一、工作情境描述

由于住宿需要，学院要将一间学生寝室改造成为管理员寝室，现需对照明线路进行改造，要求采用护套线方式布线，工时要求6h。维修电工班接受此任务，要求按照设计图样施工，按预定工期完成此项工作。

二、工作任务单（见表 3-32）

表 3-32 维修（安装）工作任务单

编号： 流水号： 填表日期：

报修（装）单位		报修（装）人		报修（装）时间	
报修（装）项目		维修（安装）地点		适宜维修（安装）时间	
维修（安装）内容		维修（安装）人员		维修（安装）时间	
报修（装）单位 验收意见				验收人	
				验收时间	
施工单位		计划工时		审核人	
审核意见		实际工时			

三、引导问题

1. 该项工作在什么地点进行？
2. 该项工作要求多长时间完成？
3. 该项工作具体内容是什么？
4. 该项工作完成后交给谁验收？
5. 该项工作怎样才算完成了？
6. 敷设线路应考虑哪些因素？

四、咨询资料

1. 敷设线路的设计

从最初的设计开始，就应考虑到线路的整洁和美观性，后期维修操作的简便性。室内布线尽可能采用暗敷，线与线之间的连接应设有专门的接线盒，整体应美观。电线与开关盒灯具的连接应符合技术规范要求。

敷设线路的设计如图 3-26 所示。

图 3-26 敷设线路的设计

2. 用电设备的安装

电工在安装电气设备、配线器具时，要符合操作规范和安全规程。设备安装牢靠、布局美观，特别是接线的部位要确保质量，防止有发热或电火花产生，如图3-27所示。

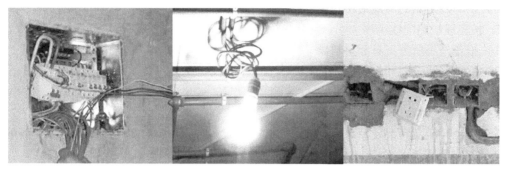

　　配电箱的安装　　　　　　照明灯的安装　　　　　　插座的安装

图3-27　用电设备的安装

学习活动二　学习相关知识

一、塑料护套线

◆ **引导问题**

1. 你知道哪些布线方式？你认为它们分别有什么优劣？
2. 护套线的安装要求与工序是什么？

◆ **咨询资料**

塑料护套线由导线、内层护套和外层护套构成，其特征在于外层护套包裹内层护套时留有适当的间隙，是带有护套层的单芯或多芯电线。其敷设方式有两种，一种是明敷，另一种是走管或走线槽敷。

1. 塑料护套线的选择

塑料护套线一般按设计要求选，在没有设计要求时可按以下经验原则选取：额定电流值为导线截面积值的4倍。例如，家用单相电能表的额定电流为40A，则导线截面积可取为$10mm^2$。

2. 安装护套线线路的技术要求

1）护套线芯线的最小截面积规定：室内使用时，铜芯导线不得小于$1mm^2$，铝芯导线不得小于$1.5mm^2$。

2）护套线敷设时，不可采用线与线直接缠绕的连接方法，而应采用接线盒或借用其他电气装置的接线端子来连接线头。

3）护套线可用塑料钢钉电线夹等进行支持。

4）护套线支持点定位的规定：直线部分，两支持点之间的距离一般为0.2m；转角部分，转角前后各应安装一个支持点，两根护套线十字交叉时，交叉口处的四方各应安装一个支持点；进入接线盒时应安装一个支持点。

5）护套线在同一墙面上转弯时，必须保持垂直。

6）护套线线路的离地最小距离不得小于 0.15m。

3. 护套线线路配线工序

1）准备施工所需工具和材料。

2）标划线路走向和电器位置。

3）安装支持部件。

4）安装塑料钢钉电线夹。

5）敷设导线及紧线。

6）安装电器元件。

7）检验电路的安装质量。

4. 护套线线路施工工序

1）放线。

2）敷线、紧线及固定。

提示：护套线、护套层完整地进入接线盒内 10mm 后可剥去护套层。

5. 室内电气照明的塑料护套线明配线工艺标准

（1）材料要求

1）塑料护套线：导线的规格、型号必须符合设计要求。

2）接线端子：选用时应根据导线的根数和总截面积选择相应规格的接线端子。

（2）质量标准

1）护套线敷设平直、整齐，固定可靠，穿过梁、墙、楼板和跨越线路等处有保护管。跨越建筑物的导线两端固定牢固，应留有补偿裕量。

2）导线明敷部分紧贴建筑物表面，多根平行敷设间距一致，分支和弯头处整齐。

3）导线连接牢固，包扎严密，绝缘良好，不伤线芯，接头设在接线盒或电气器具内；板孔内无接头；接线盒位置正确，盒盖齐全，导线进入接线盒式电气器具内留有适当裕量。

4）开关安装正确，动作正常。

5）电器元件、电气设备的安装应牢固、平正。

6）电器通电试验、灯具试亮及灯具控制性能良好。

7）开关、插座、终端盒等器件外观良好，绝缘件无裂纹，安装牢固、平正，安装方法得当。

6. 塑料护套线配线的注意事项

1）塑料护套线不应直接敷设在抹灰层、吊顶、护墙板、灰幔角落内。室外受阳光直射的场合，不应明配塑料护套线。

2）塑料护套线与接地体或不发热管道等的紧贴交叉处，应加套绝缘保护管；敷设在易受机械损伤场合的塑料护套线，应增设钢管保护。

3）塑料护套线的弯曲半径应小于外径的 1/3，弯曲处护套和线芯的绝缘层不应有损伤。

4）塑料护套线进入接线盒（箱）内或与设备、器具进行连接时，护套线应引入接线盒

（箱）内或设备、器具内。

7. 沿建筑物表面明配塑料护套线时的要求

1）应平直，并应不松弛、扭绞和曲折。

2）应采用线卡固定，固定点间距应均匀，为150~200mm。

3）在终端、转弯和进入接线盒（箱）或设备、器具处，均应装设线卡固定导线，线卡距终端、转弯、盒（箱）、设备或器具边缘的距离宜为50~100mm。

4）接头应设在接线盒（箱）或器具内，在多尘和潮湿场合应采用密封式盒（箱），盒（箱）的配件应齐全，并固定可靠。

二、建筑及电气识图

想一想：

1. 在图3-28上标出门、窗位置，说明房间的结构布置并写出各房间需要几组照明灯具。

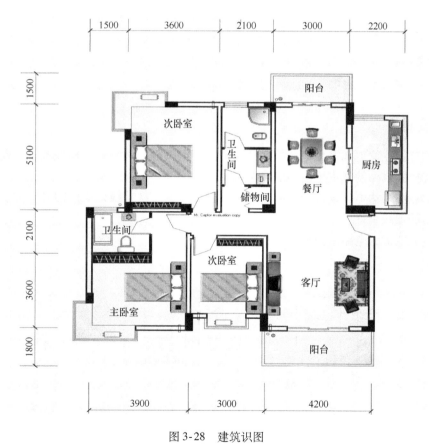

图3-28 建筑识图

2. 试着用图示的方法标明灯和开关的合适位置。

3. 请阅读电气设备在平面图上的图形符号（见图3-29），指出图中何处有灯，并说出其种类和数量。

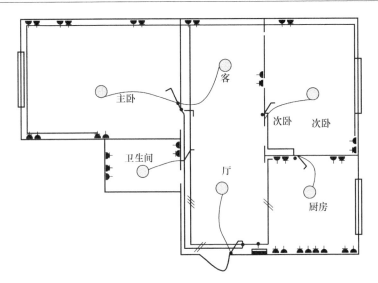

图 3-29　电气设备平面图

1. 供配电示意图

◆ **引导问题**

供配电示意图的作用是什么？

◆ **咨询资料**

供电示意图往往更加突出电气控制线路中主要电气部件之间的结构关系，有助于电工了解整个电气控制线路的基本组成和供电流程。

配电示意图表达电气设备间的电气连接关系，是将一次接线以规定的设备文字符号和图形符号绘制的图线总称。

例如，配电盘的电路结构如图 3-30 所示。

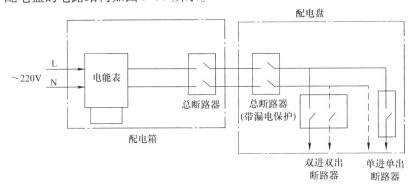

图 3-30　配电盘电路结构

2. 施工图

施工图是施工时工人所依据的图样，通常比设计图样要更详细，包括图与说明。图3-31 为模拟楼梯双控灯的木板布线施工图，图中标注了走线的尺寸，所用电器元件的文字、图形符号及导线种类。

施工图应用单线图来绘制。

3. 单线图

单线图就是用一根线段来表示多根导线，将电器元件用文字及图形符号来表示的示意图，如图 3-31 所示。从图中可以看出：

1）导线：有一处需用到两根导线，两处需用到 3 根导线，用塑料护套线配线。

2）开关：用 ⊶ 来表示单联双控开关，需要两个。

3）灯泡：1 只。

4）熔断器：1 只。

图 3-31 模拟楼梯双控灯的木板布线施工图

注：SA1、SA2 为单联双控开关；导线采用塑料护套线配线；尺寸单位为 mm。

三、家庭配电线路的设计与规划

家庭配电线路的设计就是要根据实际情况，按照设计原则完成对家庭配电线路设计方案的制定。这一项工作在家庭装修的总体规划中是非常重要的。尤其是随着技术的发展，各种家用电器产品不断增加，人们对用电需求提出了更高的要求，这使得家庭配电线路的设计在整个家装过程中的作用显得尤为突出。

通常，对于家庭配电线路的设计要充分考虑当前供电系统的实际情况，结合用户的用电需求和规划用电量等多方面因素，合理、安全地分配电力的供应。

1. 家庭配电线路要遵循科学设计原则

在家庭配电线路设计中，首先要考虑设计的科学性，使设计的线路更加合理。

（1）用电量的计算要科学　设计家庭配电线路时，配电设备的选用及线路的分配均取决于家用电器的用电量，因此，科学地计量家用电器的用电量十分重要。

家庭配电线路中，配电箱、配电盘的选配及各支路的分配均需依据用电量进行，根据计算出的用电量合理地选择配电箱、配电盘并对各支路进行合理的分配。

例如某家庭配电线路各支路的使用功率见表 3-33。

表 3-33　某家庭配电线路各支路的使用功率

支路	总功率/W	支路	总功率/W	支路	总功率/W
照明支路	2200	厨房支路	4400	挂式空调器支路	2000
插座支路	3520	卫生间支路	3520	柜式空调器支路	3500

将支路中所有家用电器的功率相加即可得到支路全部用电设备在使用状态下的实际功率值，然后根据计算公式计算出支路用电量，即可对支路断路器进行选配。

从该实例可看出，科学地计量用电设备的用电量，会使配电线路的分配、配电设备的选配更加科学、合理和安全。

（2）配电规划要科学　进行家庭配电规划时，要对其配电箱、配电盘安装位置，内部部件线路的连接方式等进行规划。配电箱主要是用来进行用电量的计量和过电流保护，交流 220V 电源经过进户线，送到可以控制、分配的配电盘上，由配电盘对各个支路进行单独控制，使室内用电量更加合理、后期维护更加方便、用户使用更加安全。这一过程的配电设计应遵循科学的设计原则,不能随电工或用户的意愿随意安装、连接、分配,以保证配电安全。

【配电设备的安装要求】 配电设备中配电箱、配电盘的安装环境及安装高度均应根据家庭配电线路的设计原则进行,不得随意安装,以免对用电设备造成影响或危害人身安全。

配电箱应安装在干燥、无振动和无腐蚀气体的场所(如楼道),配电箱的下沿离地一般不少于1.3m,大容量的配电箱允许离地 1~1.2m。若需要安装多只电能表,两只电能表间的距离应不少于20mm,如图3-32所示。

配电盘也应安装在干燥、无振动和无腐蚀气体的场所(如客厅),配电盘的下沿离地一般不少于1.3m,如图3-33所示。

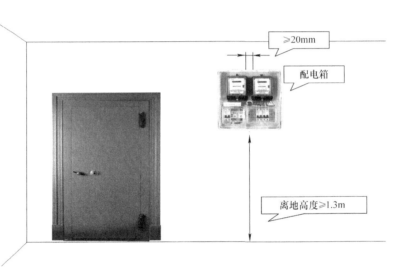

图 3-32 配电箱安装环境及高度

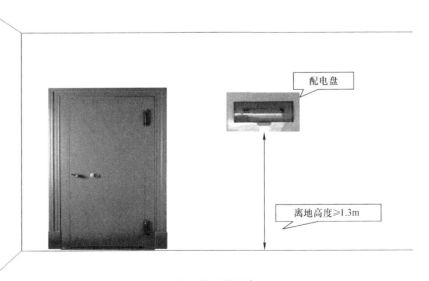

图 3-33 配电盘安装环境及高度

配电箱内部器件的安装及连接如图 3-34 所示。

配电箱内主要包括电能表、断路器这些基本配件，并且必须安装在一起，以进行用电量的计量和漏电保护。电能表要安装于总断路器的上端，接线时需根据电能表接线端子上的标志进行连接，将其引出的导线连接到总断路器上。总断路器位于主干供电线路上，对主干供电线路上的电力进行控制、保护，也可称之为总开关。

连接电能表和断路器时，之间的导线应留有适当的长度，引出的导线应沿配电箱的四周规整地缠绕在一起，在相应的位置引入或引出导线进行连接。

配电盘内部器件的安装及连接如图 3-35 所示。

各个支路断路器和总断路器（有些配电盘内不带有总断路器）都安装在配电盘的断路器支架上，引入或引出的线路沿配电盘的

图 3-34　配电箱内部器件的安装及连接

四周规整地缠绕在一起，在相应的位置引入或引出导线进行连接。配电盘安装完成后，需安装绝缘板，保证用户操作安全。

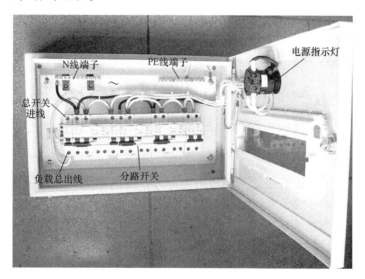

图 3-35　配电盘内部器件的安装及连接

2. 家庭配电线路要遵循合理设计原则

在家庭配电线路的设计中要充分考虑设计的合理性，遵循科学的设计原则并根据用户的需求，对家庭配电线路进行合理的设计。

家庭配电线路中，电力（功率）的分配通常是根据用户的需要及用户家用电器的用电量进行设计的，每个房间内设有的电力部件均在方便用户使用的前提下进行选择。因此，对

电力进行合理的分配能够保证用电安全，同时也为用户日常使用带来方便。

在进行电力分配时，应充分考虑支路的用电量，若该支路的用电量过大，可将其分成两个支路进行供电。根据家庭中所使用电器功率的不同，可以分为小功率供电支路和大功率供电支路两大类。通常情况下，将功率在1000W以上的电器所使用的电路称为大功率供电支路，1000W以下的电器所使用的电路称为小功率供电支路。也就是说可以将照明支路、普通插座支路归为小功率供电支路，而将厨房支路、卫生间支路、空调器支路归为大功率支路。

也可按照不同电器的使用环境进行电力分配，将家庭配电线路设计分配为客厅支路、厨房支路、卫生间支路、次卧室支路、主卧室支路，每个房间均构成一个支路。

在设计配电盘支路时，没有固定的原则，可以一间房间构成一个支路，也可以根据家用电器使用功率构成支路，但要根据用户的需要并遵循科学的设计原则对每一个支路上的电力设备进行合理的分配。

3. 家庭配电线路要遵循安全设计原则

在家庭配电线路设计中，要特别注意设计的安全性，应保证配电设备安全、电气设备安全及用户的使用安全。

1）首先，在规划设计家庭配电线路时，家用电器的总用电量不应超过配电箱内总断路器和总电能表的负荷，同时每一条支路的总用电量不应超过支路断路器的负荷，以免出现频繁掉闸，烧坏电器。

2）在进行电力分配时，插座、开关等也要满足用电的需求，若选择的电力器件额定电流过小，使用时会烧坏电力器件。

3）在进行家庭配电线路的安装连接时，应根据安装要求进行正确的安装和连接，同时应注意配电箱和配电盘内的导线不能外露，以免造成触电事故。

4）选配的电能表、断路器和导线应满足用电需求，防止出现掉闸、损坏器件或家用电器等事故出现。

5）在对线路的连接过程中，应注意对电源线进行分色，不能将所有的电源线只用一种颜色，以免对检修造成不便。按照规定，相线通常使用红色线，零线通常使用蓝色或黑色线，接地线通常使用黄色或绿色线。

4. 配线选择要合理

在家庭配电线路中，导线是最基础的供电部分，导线的质量、参数直接影响着供电质量。因此，合理地选配导线在家庭配电线路设计中尤为重要。

1）在设计、安装配电箱时，一定要选择载流量大于或等于实际电流量的绝缘线（硬铜线），不能采用花线或软线（护套线），暗敷在管内的导线不能有接头，必须是一根完整的导线。

2）在设计、安装配电盘时，若采用暗敷，一定要选择载流量大于或等于该支路实际电流量的绝缘线（硬铜线），不能采用花线和软线（护套线），更不能在暗敷护管中出现缠绕连接的线头；若采用明敷，可以选用软线（护套线）和绝缘线（硬铜线），但是不允许将导线暴露在空气中，一定要有敷设管或敷设槽。

3）在配电线路中所使用导线的颜色应该保持一致，即相线为红色，零线为蓝色，地线为黄绿色。

5. 家庭配电设备的选用

家庭配电设备的选用主要是指根据用户需要对配电箱和配电盘以及内部的基本部件进行

选配，选配的部件要符合设计要求和用电量的要求。

所谓配电箱的选配，也就是指对配电箱内电能表和总断路器的选配，选配时需通过识读电能表和断路器主要参数进行选配，同时选配的电能表要与总断路器互相匹配，符合设计要求。

电能表的主要参数是选配电能表的重要依据，不论哪种形式的电能表，其型号和主要参数标志应基本一致。

1. 断路器的选配

断路器的主要参数也是选配的重要依据，根据家庭用电量的实际数据再结合断路器的参数标志，选配适合于用户的总断路器即可。

在选配配电箱内的基本配件时，应注意配电箱中总断路器的额定电流必须小于电能表的最大额定电流。如根据用户需要选用了最大额定电流为40A的电度表，则总断路器应选用小于40A的断路器，选用型号为DZ47LE-220/32（额定电流为32A，额定电压为220V）的总断路器即符合配电要求。

2. 配电盘的选配

所谓配电盘的选配，也就是指对配电盘及配电盘内的综合断路器的选配，选配时总断路器的额定电流也应满足该支路的用电量。

（1）配电盘的选用 在选配配电盘时，除了用于输出电力的配件为金属材质外，其他配件均为绝缘材质，且应根据用户室内的支路个数进行选配。

（2）配电盘支路断路器的选用 配电盘内的支路断路器的选配方法与总断路器的选配方法相同，也应根据主要参数进行选配，其额定电流应该大于该支路中所有可能同时使用的家用电器的总的电流量。随着家用电器在日常生活中使用越来越多，有些支路中的家用电器会比较集中（如厨房），如果该支路的实际电流量过大，可以将其分成两个支路。

配电盘内的断路器除了根据参数进行选配外，还应遵循选配的合理性。在选配配电盘内的断路器时，总断路器通常带有剩余电流断路器，用于室内的漏电保护；而空调器的支路断路器通常选用单进单出的断路器，若空调器支路使用了剩余电流断路器，少许的漏电会使空调器支路出现频繁的跳闸，导致空调器无法正常使用。

四、家庭供电线路的设计与规划

家庭供电线路的设计是通过配电线路配电盘中设计的支路个数进行线路的走向和敷设的。走线时，应先确定灯具、插座、开关及电气设备的准确位置，并沿建筑物合理地设计导线的路径。在此过程中需选用符合设计要求的导线，并进行合理的加工，且施工方案要符合设计要求。

1. 导线类型的选取要符合设计要求

导线在家庭供电线路中主要用于对室内电器进行供电或提供相关信号，为了保证传输电能安全可靠以及相关信号正常，在进行供电线路的设计时，不同功能的供电线路对选取的导线有不同的要求。

1）室内敷设的线路通常采用塑料或橡胶绝缘导线（室内敷设线路不能使用花线，因为花线截面积小，允许安全载流量低，并且花线的机械强度低，不能承受过大的拉力）。

2）网络线路通常采用双绞线。

3）电话机线路通常采用专用的2芯或4芯电话线。

4) 有线电视线通常采用同轴电缆。

2. 导线的选用和加工要符合设计要求

除了选用导线类型要求满足设计要求外，在选用和加工导线时也应严格按照设计要求进行。

1) 在进行供电线路的设计时，应选用额定电压大于线路工作电压的导线，为防止漏电，线路的对地电阻不应小于 0.5MΩ。

2) 导线截面积应满足供电的要求和机械强度要求，导线连接和分支处，不应受机械力的作用。

3) 导线互相交叉时，应在每根导线上加套绝缘套管，并将套管在导线上固定。

4) 系统布线应确保"活线"。所谓"活线"就是可以通过接线盒直接将线拉出。以后线路出现老化或是墙体渗水等意外情况时，可以在保证家中的墙面、地板等不被破坏的情况下对其进行更换，这样可以解除线路工程的隐患，也便于后期的维护和升级等。

5) 导线穿管操作时，应尽量减少线路的接头，且穿管导线和槽板配线中间不允许有导线接头（必要时可采用增加接线盒的方法进行连接），导线与电路端子的连接要紧密压实，以减小接触电阻和防止脱落。

6) 三根及以上的绝缘导线穿于同一根管时，其总截面积（包括外护层）不应超过管内截面积的 40%；两根绝缘导线穿于同一根管时，管内径不应小于两根导线外径之和的 1.35倍（立管可取 1.25 倍）。

7) 穿金属管的交流线路，应将同一回路的所有相线和中性线（如果有中性线时）穿于同一根管内。不同回路的线路不应穿于同一根金属管内，但下列情况可以除外：

①电压为 50V 及以下的回路。

②同一设备或同一联动系统设备的电力回路和无防干扰要求的控制电路。

③同一照明灯的几个回路。

④同类照明的几个回路，但管内绝缘导线的根数不应多于 8 根。

8) 导线管路与热水管、蒸汽管同侧敷设时，导线管应敷设在热水管、蒸汽管的下面。有困难时，可敷设在其上面。之间的净距离不宜小于图中标注的数值，即当管路敷设在热水管下面时，之间的距离应大于 200mm，敷设于热水管上面时，之间的距离应大于 300mm（见图 3-36a）；管路敷设在蒸汽管下面时，之间的距离应大于 500mm，敷设在蒸汽管上面时，之间的距离应大于 1000mm（见图 3-36b）。

当不能符合上述要求时，应采取隔热措施。对于有隔热措施的蒸汽管，上下净距均可减少 200mm（见图 3-36c）。

电线管路与其他管道（不包括可燃气体及易燃、可燃液体管道）的平行净距应大于100mm。当与水管同侧敷设时，宜敷设在水管上面（见图 3-36d）。

管路互相交叉时的距离，不宜小于相应上列情况的平行净距。

3. 供电线路的施工方案要符合设计规范

供电线路在施工操作时，应符合相关设计规范，不可在随意高度或环境下进行线路的敷设。

(1) 导线敷设高度的设计规范　导线在进行敷设时应当保持水平和垂直，导线至地面的距离也有一定的要求，应严格按照其设计规范进行敷设。导线明敷设的距离要求具体见表 3-34。

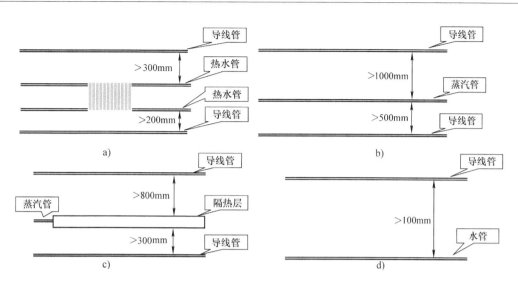

图 3-36 导线管与热水管、蒸汽管同侧敷设

表 3-34 明线敷设的距离要求

固定方式	导线截面积 /mm²	固定点最大距离/m	线间最小距离/mm	与地面最小距离/m	
				水平布线	垂直布线
槽板	≤4	0.05	—	2	1.3
卡钉	≤10	0.20	—	2	1.3
夹板	≤10	1.80	25	2	1.3（2.7）
绝缘子（瓷柱）	≤16	3.0	50	2	1.3（2.7）
绝缘子（瓷瓶）	16~25	3.0	100	2.5	1.8（2.7）

注：括号内数值为室外敷设要求。

室内用导线明敷示意图如图 3-37 所示。在进行垂直敷设时，导线应与地面保持垂直。当导线进行垂直敷设并进行穿墙操作时，距地面的距离应不小于 1.8m；导线进行水平敷设时，导线应与地面保持平行，且距地面的距离不小于 2.5m。

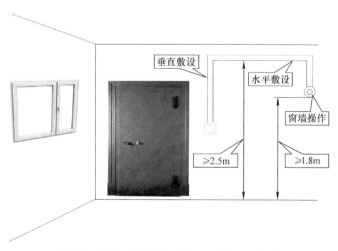

图 3-37 导线敷设时至地面的距离示意图

(2) 导线敷设间距的设计规范　在敷设导线时，室内用绝缘导线间的最小距离要符合表 3-35 的要求，绝缘导线至建筑物间的最小距离要符合表 3-36 的要求。

表 3-35　室内用绝缘导线间的最小距离

固定点距离	导线最小间距（室内配线）/mm	固定点距离	导线最小间距（室内配线）/mm
≤1.5m	35	>3~6m	70
>1.5~3m	50	>6m	100

表 3-36　绝缘导线至建筑物间的最小距离

布线位置	最小距离/mm
水平敷设阳台、平台上和跨越屋顶	2500
水平敷设在窗户上	300
水平敷设在窗户下	800
垂直敷设在阳台、窗户上	600
导线至墙壁和构件的距离	35

例如窗户附近的布线图如图 3-38 所示。在窗户上端的导线距离窗口的距离应大于 300mm，在窗户下端的导线距离窗口的距离大于 800mm，在窗户侧端的导线距离窗口的距离应大于 600mm。

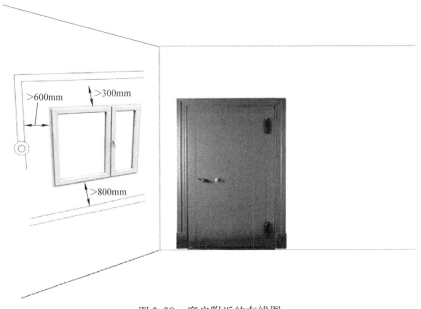

图 3-38　窗户附近的布线图

(3) 导线穿越楼板的设计规范　当导线需要穿越楼板时，应将导线穿入钢管或硬塑料管内敷设，对其进行保护，与钢管或硬塑料管的敷设高度要满足设计规范。

导线穿越楼板示意图如图 3-39 所示。钢管或硬塑料管上端口距离地面不应小于 1.8m，下端口到楼板下为止。

(4) 导线穿越墙体的设计规范　当需要将导线穿越墙体时，应加装保护管（瓷管、塑料管、钢管）对其进行保护，保护管深入墙面的长度不应小于 10mm，并保持一定的倾

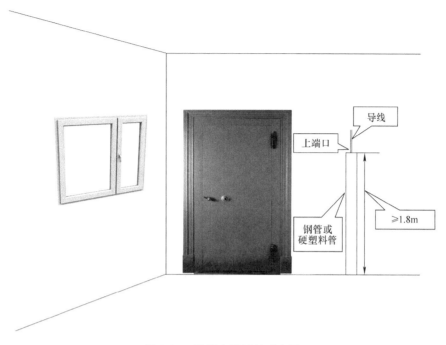

图 3-39 导线穿越楼板示意图

斜度。

(5) 线管经过建筑物的沉降伸缩缝的设计规范　当线管经过建筑物的沉降伸缩缝时，为防止建筑物伸缩沉降不均匀而损坏线管，需在伸缩缝旁加设补偿装置。

补偿装置连接管的一端用螺母与补偿盒的保护口拧紧固定，另一端无须固定。当为明管配线时，可采用金属软管补偿。

(6) 导线与其他线路的布线设计规范　电话线、网线、有线电视信号线和音响线等属于弱电类，由于其信号电压低，如与电源线并行布线，易受 220V 电源线的电压干扰。因此，弱电线的走线必须避开电源线。

弱电线和插座布线如图 3-40 所示。电源线与弱电线之间的距离应在 200mm 以上，它们的插座也应相距 200mm 以上，弱电线插座下边线距地面约 300mm。一般来说，这些弱电线应布置在房顶、墙壁或地板下。在地板下布线，为了防止湿气和其他环境因素影响，这些线的外面都要加上牢固的无接头套管。如有接头，必须进行密封处理。

4. 家庭供电线路的规划原则

规划家庭供电线路时，要根据配电线路中电力的分配对供电线路的分布、走向进行科学、合理且安全的规划，满足规划原则。

(1) 供电线路的分布要科学　在家庭供电线路规划时，主要对其各个接线端子的安装位置进行规划，这一过程应遵循科学的规划原则，不能随电工或用户的意愿随意安装，以保证供电安全。

供电线路中各接线端子安装高度要满足布线的科学性，如照明灯要安装在房间的中间位置，使整个房间的亮度相同，不会造成局部亮度过高而其他范围亮度过低的现象；控制开关的安装位置距地面的高度应为 1.3m，距门框的距离应为 0.15～0.2m；强电接口的安装位置距地面的高度应大于 0.3m；弱电接口的安装位置距地面的高度应大于 0.3m，同时与强电接口之间的距离也应大于 0.2m，如图 3-41 所示。

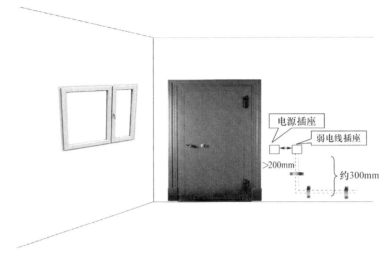

图 3-40　弱电线和插座布线

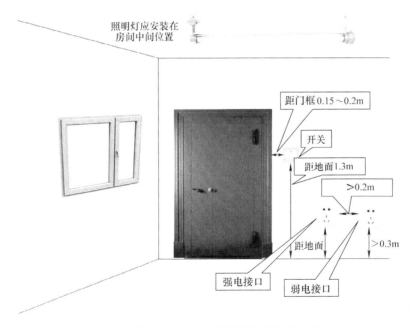

图 3-41　供电线路中各接线端子的安装位置要求

科学地分布供电线路中各个接口的安装位置后，根据规划的位置，才可进行合理布线。

（2）供电线路的走向要合理　供电线路中各个接线端子的分布规划完成后，则需从强电配电箱和弱电接线盒引出各个供电线路进行合理的布线。规划布线时，要符合布线的设计原则，要做到安全、合理且节省导线材料，同时要保证导线在管内不应有接头和扭结。

（3）供电线路的敷设要安全　在进行电线敷设时，要严格按照布线的设计原则进行，保证线路的敷设合理、安全。在供电线路敷设过程中要注意以下几点：

1）不可将线路直接埋入灰层内，这样既不利于今后线路的更换，也极不安全。

2）敷设线路的线管一般选用PVC硬管，槽两侧做45°水泥护坡，以防止线管上负载过大压扁PVC管，影响以后换线。

3）敷设时，应沿最近的路线进行敷设，导线敷设要保证横平竖直，保护管的弯曲处不应有折扁、凹陷和裂缝，从而避免在穿线时损坏电线的绝缘层。

4）在弱电线路上加上牢固的无接头套管时，应检查导线是否短路或断路，保证安全敷设。

五、常用电气设备的图形符号（见表3-37）

表3-37 常用电气设备的图形符号

名 称	图形符号	说 明	名 称	图形符号	说 明
断路器			插座		
照明配电箱	AL		开关		开关一般符号
			带单极开关的插座		装一单极开关
插座	（不带保护极）（带保护极）	根据需要可在"★"处用下述文字区别不同插座： 1P—单相插座 3P—三相插座 1C—单相暗敷插座 3C—三相暗敷插座 1EX—单相防爆插座 3EX—三相防爆插座 1EN—单相密闭插座 3EN—三相密闭插座	单极拉线开关		
			单极双控拉线开关		
			双控单极开关		单相三线
			带指示灯开关		
			多位单极开关		如用于不同照度
开关		根据需要"★"用下述文字标注在图形符号旁边区别不同类型开关： EX—防爆开关； EN—密闭开关； C—暗装开关	灯		
			荧光灯		单管或三管灯
双极开关			吸顶灯	C	
			壁灯	W	
多个插座		3个	花灯	L	

六、供配电设备的安装

1. 配电箱的安装顺序

1）取下原有配电箱的外壳,在安装新增配电箱的墙面上与配电箱安装孔对应的位置处使用电钻工具钻 4 个安装孔。钻孔完成后,使用固定螺钉将配电箱固定在安装墙面上。

2）进行电能表和总断路器的连接:将相线和零线分别接入电能表的 4 个接线端,接线处连接点要牢靠。

3）电能表连接完成后,将其固定到配电箱内,电能表安装完成后,将总断路器固定到配电箱内,如图 3-42 所示。

注意:固定总断路器前,要确定断路器处于断开状态。

4）线路的连接:按照总断路器上相线(L)和零线(N)的提示连接相应的导线,接线处连接应牢固,连接后的导线从配电箱的上端穿线孔处穿出。

5）将新增配电箱的上端引出明敷的板槽,并使用电钻工具在板槽和墙面上钻孔,用以固定板槽。

图 3-42 固定电能表和总断路器

6）将从总断路器中引出来的导线沿着明敷的板槽送入室内配电盘中,此时须在穿入导线的墙面上进行穿墙操作,穿墙操作完成后,将室内的导线沿着穿墙孔引入室内。

7）在室内穿墙孔与配电盘间安装固定明敷导线的板槽,将外漏的导线敷于板槽内,并将板槽盖板盖上。

8）将室外导线敷于板槽内,并将板槽盖板盖上,将连接 220V 的导线在原有配电箱的连接端处引出。

9）将新增配电箱内的相线、零线和接地线接入原有配电箱的对应接柱上,先接零线和地线,再接相线。

注意:在进行线路连接时,不要触及接线柱的触片及导线的裸露处,以免触电。

10）将配电箱的外壳安装上,即完成新增配电箱的安装操作。

2. 配电箱的测试

配电箱使用前,要进行测试。若配电箱不符合使用要求(即出现故障),则需重新安装配电箱或更换损坏的元件。可用钳形表对配电箱进行检测。这里以单相电能表的配电箱为例进行检测。

1）将钳形电流表的量程调至 AC 1000A 档,并使按钮 HOLD 处于放松状态。

2）按下钳形电流表的扳机打开钳口,并钳住一根待测导线(若钳住两根或两根以上导线,则为错误操作,将无法测量出电流值)。

3）按下 HOLD 按键并读取测得的数值。

4）将保持按钮恢复到放松状态,将量程调至 AC 200A,再次检测配电箱。若两次测量的结果相近,则说明该配电箱中的电流符合要求,该配电箱能够正常使用。

3. 配电盘的安装

配电盘的安装就是将配电盘按照安装高度的要求安装到墙面上,然后在配电盘中安装、固定、连接断路器。

1）将从配电箱引来的相线和零线分别与配电盘中的总断路器进行连接（连接时，应根据断路器上的 L、N 标志进行连接），并将其接地线与配电盘中的地线接线柱相连。

2）将经过总断路器的导线分别送入各支路断路器中，其中三个单进单出的断路器的零线，可采用接线柱进行连接。

3）将经过各支路断路器的导线通过敷设的管路分别送入各支路进行电力传输，并将地线通过各地线接线柱连接到需要的各支路中。

4）将配电盘的绝缘外壳安装上，并标记支路名称。

◆ **知识链接**

配电盘是为了控制、监视各种动力和家庭用电设备而设置的电气装置，常用的配电盘有两种，即小容量配电盘和大容量配电盘。

（1）小容量配电盘　小容量配电盘安装完成示意图如图 3-43 所示。

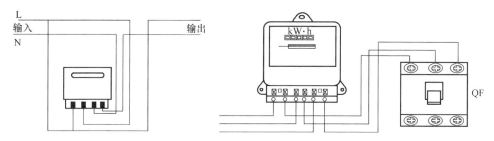

图 3-43　小容量配电盘安装完成示意图

这种配电盘应用于电流小于 100A 的场合，在小容量配电盘上，通常装有一只三相电能表（或三只单相电能表）和一只具有保护装置的总开关。

配电盘的盘板应选用厚度在 25mm 以上、质地良好的干燥木板，并要涂上防潮漆，配电盘不能安装在易受雨淋和阳光照射的地方。

（2）大容量配电盘　大容量配电盘的结构示意图如图 3-44 所示。

大容量配电盘是容纳变电配电设备线路及监视监测仪表的设备，便于将高压和低压设备组装架设。

七、室内配线方式

1. 夹板配线

夹板配线是用瓷夹板或塑料夹板来支持和固定导线的一种配线方式，一般只适用于干燥场所。

图 3-44　大容量配电盘的结构示意图

2. 瓷绝缘子配线

瓷绝缘子配线是用瓷绝缘子或瓷珠支持和固定导线的一种配线方式，一般适用于导线截面积较大且比较潮湿的场所。常见绝缘子如图 3-45 所示。

a) 鼓形绝缘子　　　b) 蝶式绝缘子　　　c) 针式绝缘子　　　d) 悬式绝缘子

图 3-45　常见绝缘子

3. 槽板配线

槽板配线是将导线敷设在线槽内，上面封盖。常用的槽板有木槽板和塑料槽板，一般适用于比较干燥的场所，检修方便。

4. 线管配线

线管配线是将导线穿在线管内，常用的线管有水煤气管（适用于潮湿和有腐蚀性气体的场所内明敷或暗敷）、塑料管（适用于潮湿、化工腐蚀性或高频场所）、金属软管（俗称蛇皮管，主要用于拐弯处）、瓷管（主要用于导线与导线的交叉处或导线和建筑物之间距离较短的场所）。因线管配线检修困难，要求管内导线不准有接头，否则应设置接线盒以便维修。

5. 直敷配线

直敷配线是用铝卡或线卡将塑料护套线直接固定在墙面、楼板、顶棚上，如图 3-46 所示。

图 3-46　直敷配线

八、施工前的准备

◆ 引导问题

1. 通过勘查现场，获得必要的信息：

（1）需要施工的寝室的面积是多少？楼层是多少？相邻房间的用途是什么？

（2）需要施工的寝室的高度、灯具的安装高度分别是多少？

（3）需要施工的寝室内有哪些管道？

（4）现场有哪些有利因素和不利因素？如何处理？

（5）施工过程中需要哪些安全措施和安全标志？数量多少？安放（悬挂）的位置如何？

（6）施工过程中是否需要登高作业？需要哪些登高用具？

2. 勘查现场过程中，与什么人做了哪些沟通并获得了哪些有用的信息？

3. 通过勘查施工现场，确定了哪些事情？

4. 本次施工用到了哪些种类的导线？解释规格型号的含义。

5. 接线盒有什么用途？有哪些规格？按材质分为哪几种？
6. 接线盒使用中有哪些要求？

◆ 咨询资料

1. 现场勘查的主要内容
1）施工现场的位置、楼层、相邻房间的用途。
2）施工现场的面积、高度。
3）施工现场的有利因素和不利因素。
4）现场有哪些管道，是否与线管有交叉或并行，间距能否保证？
5）通过灯具的安装高度与房屋高度进行比较，决定灯具的吊装方式。
6）施工现场的墙体、地面结构。
2. 通过勘查现场需要明确的内容
1）确定配电箱、灯具、开关、插座的安装位置。
2）确定线管的走向（画线）——注意与其他管线的间距。
3）确定必要的施工工具（开凿工具、登高工具等）。
4）确定线盒的位置、数量。
5）确定灯具的吊装方式。
6）确定施工中的安全措施及安全标志。
3. 通过勘查现场需要沟通的事项
1）适宜施工的时间。
2）施工过程中，对左邻右舍是否有影响，如何解决。
3）是否与其他工程同期施工，如何解决交叉施工问题。
4）施工电源如何解决。

学习活动三 制订工作计划

请阅读现场施工图，用自己的语言描述具体的工作内容，制订工作计划，列出所需要的工具和材料清单。
1. 请你根据实际情况制订工作计划，填写表3-38。

表3-38 寝室照明线路的施工情况工作计划

施工单位		完成的时间	
施工目的和要求	施工目的		施工工艺要求
项目负责人		安全负责人	
质量验收负责人		工具与材料领取员	
技术人员 （负责安装人员）		实施的具体步骤	1. 2. 3.

2. 请你列举所要用的工具和材料清单,填写表3-39。

表3-39 材料清单

名　称	规　格	数　量	备　注

3. 你在领取材料时应以什么为依据进行核对?
4. 你所领取的材料和器件用何种仪表检验?如有质量问题,你应当怎样协调解决?
5. 请认真阅读工作情景描述及相关资料,用自己的语言填写维修工作联系单(见表3-40)。
(1) 填完工作任务单后你对此工作有信心吗?
(2) 看到此项目描述后你想到应如何组织计划并实施完成吗?
(3) 你认为工程项目现场环境、管理应如何才能有序、保质保量地完成任务?
(4) 为了施工任务实施、学习方便、工作高效,在咨询教师前提下,你与班里同学协商,合理分成学习小组(组长自选,小组名自定,例如:宇宙组),填写表3-41和表3-42。

表3-40 维修工作任务单

维修地点					
维修项目			保修周期		
维修原因					
报修部门		承办人		报修时间	20 年 月 日
		联系电话			
维修单位		责任人		承接时间	20 年 月 日
		联系电话			
维修人员				完工时间	20 年 月 日
验收意见				验收人	
处室负责人签字			维修处室负责人签字		

表3-41 分组名单

小组名	组　长	组　员

表3-42 工序及工期安排

序　号	工作内容	完成时间	备　注

学习活动四 任务实施

一、施工步骤

设计电路图→测试元器件→定位→固定元器件→连线→自检→通电→交付验收。

二、工艺要求

1. 元器件布置要合理。
2. 电路连线工艺要美观，走线横平竖直，不压线，不反圈，导线与接触点连接处需裸露导线0.5cm。
3. 相线进开关，通过开关进灯头，零线直接进灯头。
4. 元器件固定可靠，导线连接可靠，连接导线不受机械力。
5. 接线盒内导线预留10~15cm。

三、技术规范

1. 接线盒内预留足够的导线，并分清导线颜色。
2. 接线盒内导线绝缘层剥离2cm。
3. 下线后，接线盒内导线要分别包头，并回旋放入盒中。

四、安全要求

1. 开关、电能表与断路器在投入运行前要进行外观检查，各部分结构应没有缺陷。
2. 开关、电能表与断路器投入运行前必须进行各种绝缘性能测试，绝缘等级符合要求方可使用。
3. 停送电联系必须是专人负责，其余任何人无权下令停送电。
4. 停电后，必须认真执行验电步骤，并做好短路接地措施。
5. 电器元件在使用前必须进行测试，技术参数符合技术要求方可使用。
6. 学生未经自检不能向教师提出通电试验请求。
7. 未经教师验收和批准上电，不准通电试验。

五、电气照明装置施工及验收标准

1. 灯具

1）对装有白炽灯泡的吸顶灯具，灯泡不应紧贴灯罩；当灯泡与绝缘台之间的距离小于5mm时，灯泡与绝缘台之间应采取隔热措施。

2）吊链灯具的灯线不应受拉力，灯线应与吊链编叉在一起。

3）灯具固定应牢固可靠。每个灯具固定用的螺钉或螺栓不应少于两个；当绝缘台直径为 75mm 及以下时，可采用 1 个螺钉或螺栓固定。

4）当吊灯灯具质量大于 3kg 时，应采用预埋吊钩或螺栓固定；当软线吊灯灯具质量大于 1kg 时，应增设吊链。

5）开关至灯具的导线应使用额定电压不低于 500V 的铜芯多股绝缘导线。

2. 开关

1）安装在同一建筑物、构筑物内的开关，宜采用同一系列的产品，开关的通断位置应一致，且操作灵活、接触可靠。

2）开关安装的位置应便于操作，开关边缘距门框的距离宜为 0.15～0.2m；开关距地面高度宜为 1.3m；拉线开关距地面高度宜为 2～3m，且拉线出口应垂直向下。

3）并列安装的相同型号开关距地面高度应一致，高度差不应大于 1mm；同一室内安装的开关高度差不应大于 5mm；并列安装的拉线开关的相邻间距不宜小于 20mm。

4）相线应经开关控制；民用住宅严禁装设床头开关。

六、使用移动式（手持式）电动工具的规定

1）手持式电动工具的管理、使用、检查和维修应符合 GB/T 3787—2017《手持式电动工具的管理、使用、检查和维修安全技术规程》的有关规定。移动式电动工具，如电钻、电葫芦、砂轮、电刨等，其金属外皮应可靠接地。

2）移动式电动工具的电源应用双极刀开关控制。当用插销连接时，应用带有保护线连接的插销或连接器。

3）移动式电动工具的电源线必须采用绝缘良好的多股、铜芯橡胶绝缘护套软线或聚氯乙烯绝缘聚氯乙烯护套软线。

4）移动式电动工具应定期摇测绝缘电阻。对长期停用的移动式电动工具，使用前应摇测绝缘电阻。

5）更换电钻钻头时，必须待旋转停止后进行，操作时不应戴手套，不能用手指直接清除铁屑。

6）使用移动式砂轮时，除按以上要求外还应戴防护眼镜。

7）使用电动工具时，如因故离开工作场所或暂时停止工作以及遇到临时停电时，须立即切断电动工具的电源。

七、室内配线操作

1）定位。按施工要求，在建筑物上确定出照明灯具、插座、配电装置、起动设备、控制设备等的实际位置，并注上记号。

2）画线。在导线沿建筑物敷设的路径上，画出线路走向，确定绝缘支持件固定点、穿墙孔、穿楼板孔的位置，并注明记号。

3）凿孔与预埋。按上述标注位置凿孔并预埋紧固件。

4) 安装绝缘支持件、线夹或线管。

5) 敷设导线。

6) 完成导线间连接、分支和封端,处理线头绝缘。

7) 检查线路安装质量。检查线路外观质量,直流电阻和绝缘电阻是否符合要求,有无断路、短路。

8) 完成线端与设备的连接。

八、通电试验、竣工验收

1. 室内配线竣工后的试验

(1) 绝缘电阻的试验

1) 导线绝缘电阻的测试。测试前应先断开熔断器,用绝缘电阻表测量导线对地或两根导线间的绝缘电阻,其测量值不应小于 0.5MΩ。

2) 配电装置绝缘电阻的测试。用绝缘电阻表测量配电装置的绝缘电阻,每一段的绝缘电阻值应不小于 0.5MΩ。

(2) 试送电试验　绝缘电阻试验达到要求后,可进行试送电试验。经试送电正常后,即可正式通电运行。

2. 室内配线的竣工验收

竣工验收包括以下项目:

(1) 穿管导线线管管径　应满足表 3-43 的要求。

(2) 验收工程质量　检查工程施工与设计是否相符,工程材料和电气设备是否良好,施工方法是否恰当,质量标准是否符合各项规定,配线的连接处是否采取合理的连接方法,是否做到可靠连接,检查可能发生危害的处所等。

(3) 验收工程的安全性　检查配线和各种管路的距离是否符合规定,和建筑物的距离是否符合规定,配线穿墙的瓷管是否移动,各连接触头的连接是否良好,电线管的接头及端头所装的护线箍是否有脱离的危险,所装设的电器和电气装置的容量是否合格等。

(4) 成品保护　培养质量意识、成品意识、协作意识。

1) 剔槽不得过大、过深或过宽。预制梁柱和预应力楼板均不得随意剔槽打洞。混凝土楼板、墙等均不得断筋。

2) 在混凝土楼板上配管时,注意不要踩断钢筋。土建浇注混凝土时,电工应留人看守,以免损坏配管及盒、箱移位。当管路损坏时,应及时修复。

3) 吊顶内配管时,不要踩坏龙骨。严禁踩导线管行走。刷防锈漆不应污染墙面、吊顶和护墙板等。

4) 明配管路及电器具安装时,应保持顶棚、墙面及地面的清洁完整。搬运材料和使用登高机具时,不得碰坏门窗、墙面等。电器具安装完毕后,土建不能再喷浆。

5) 其他专业在施工中,应注意保护电气配管,严禁私自改动导线管和电气设备。

表 3-43 穿管导线线管管径

导线截面积 /mm²	穿管导线根数及对应的铁管标称直径（内径）/mm					穿管导线根数及对应的导线管标称直径（外径）/mm				
	2	3	4	6	9	2	3	4	6	9
1	13	13	13	16	25	13	16	16	19	25
1.5	13	16	16	19	25	13	16	19	25	25
2.5	16	16	19	19	25	16	16	19	25	25
4	16	19	19	25	32	16	19	25	25	32
6	19	19	19	25	32	16	19	25	25	32
10	19	25	25	32	51	25	25	32	38	51
16	25	25	32	38	51	25	32	32	38	51
25	32	32	38	51	64	32	38	38	51	64
35	32	38	51	51	64	32	38	51	64	64
50	38	51	51	64	76	38	51	64	64	76

九、故障排查（见表 3-44）

表 3-44 故障排查记录

序号	故障问题	现象	排查	得分统计

十、评价要点

1. 自评

请根据工程完工情况，用自己的语言描述具体的工作内容，并填写表 3-45。

表 3-45 评分表

评分项目	评价指标	标准分	评分
安全施工	是否做到了安全施工	10	
使用工具	使用是否正确	5	
接线工艺	接线是否符合工艺，布线是否合理	40	
自检	能否用数字万用表进行电路检测	10	
电路连接情况	能否试电成功，满足设计要求	20	
现场清理	是否能清理现场	5	
团结协作	小组成员是否团结协作	10	

2. 教师点评

1）对各小组的讨论学习及展示点评。

2）对各小组施工过程与施工成果点评。

3）对各小组故障排查情况与排查过程点评。

学习活动五　综合评价

评价表见表3-46。

表3-46　评价表

评价项目	评价内容	评价标准	评价主体	
			自评	互评
职业素养	安全意识责任意识	A. 作风严谨，遵守纪律，出色完成任务，90~100分 B. 能够遵守规章制度，较好完成工作任务，75~89分 C. 遵守规章制度，没完成工作任务，60~74分 D. 不遵守规章制度，没完成工作任务，0~59分		
	学习态度	A. 积极参与学习活动，全勤，90~100分 B. 缺勤达到任务总学时的10%，75~89分 C. 缺勤达到任务总学时的20%，60~74分 D. 缺勤达到任务总学时的30%，0~59分		
	团队合作	A. 与同学协作融洽，团队合作意识强，90~100分 B. 与同学能沟通，协同工作能力较强，75~89分 C. 与同学能沟通，协同工作能力一般，60~74分 D. 与同学沟通困难，协同工作能力较差，0~59分		
专业能力	学习活动二学习相关知识	A. 学习活动评价成绩为90~100分 B. 学习活动评价成绩为75~89分 C. 学习活动评价成绩为60~74分 D. 学习活动评价成绩为0~59分		
	学习活动三制订工作计划	A. 学习活动评价成绩为90~100分 B. 学习活动评价成绩为75~89分 C. 学习活动评价成绩为60~74分 D. 学习活动评价成绩为0~59分		
创新能力		学习过程中提出具有创新性、可行性的建议	加分	
班级		姓名	综合评价等级	

 复习思考题

1. 通过本典型工作任务的练习，你学会了哪些新技能？掌握了哪些新知识？
2. 本小组在本次活动过程中，有哪些优势？取得了哪些成绩？
3. 本小组在本次活动过程中，有哪些劣势？是如何克服的？
4. 你认为本小组在本次活动过程中，有哪些不足？应当如何改进？
5. 你在本小组中主要做了哪些工作？是否发挥了应有的作用？是否有需要改进的地方？

子任务四　教室照明线路的安装与检修

学习目标:

1. 能根据任务要求工作任务单，明确工时、工艺要求，进行人员分工。
2. 能根据施工图样，勘查施工现场，制订工作计划。
3. 能根据任务要求和施工图样，列举所需工具和材料清单，准备工具，领取材料。
4. 能正确识别与安装断路器、插座等元器件，选择线色，进行导线与接线桩、接线帽的连接。
5. 能按图样、工艺要求、安全规程要求，使用手锯进行槽板布线施工。
6. 施工后，能按施工任务书的要求利用万用表进行检测；同时，拓展照明线路常见故障现象分析、检测，培养维修技能。
7. 按电工作业规程，作业完毕后能清点工具、人员，收集剩余材料，清理工程垃圾，拆除防护措施。

学习活动一　明确工作任务

一、工作情境描述

我院××教室由于照明线路老化，根据教学需要，总务处要求维修电工组在两天内根据教室的照明线路进行重新布线、安装，完成施工，并负责该照明线路维保一年。

教室电气、照明施工方案说明

1）××教室由于线路老化，用电器件已过寿命期，需重新安装改造，建筑面积为 $60m^2$。供电线路不考虑（供电电源：三线，~220V/60A）。

2）方案依据现行主要标准及《民用建筑电气设计规范》（JGJ 16—2008）和《建筑照明设计标准》（GB 50034—2013）。

3）照明系统及线路：光源采用T8荧光灯，照度达到300lx；照明、插座分别用不同支路供电（单相三线，树干式与放射式相结合供电方式），线路采用ZR BV-2×2.5铜线（分支可采用ZR BV-1×1.5铜线），沿塑料线槽明敷设。

4）照明与插座：荧光灯吊装下沿距地不小于2.4m，采用跷板型开关明装，下边距地均1.3m，开关边缘与门柜间的距离宜为150~200mm；插座采用单相两极、三极组合保护型插座，下边距地0.3m。

5）照明配电箱墙上明装，底边距地1.6m，尺寸按需确定。

施工图（教室电气、照明模拟平面图）见图3-47。

学习任务三 照明线路的安装与检修

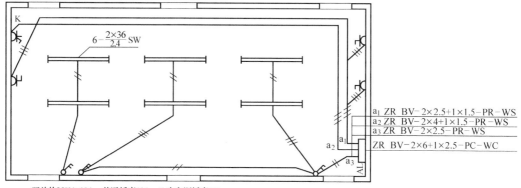

开关均250V×10A，普通插座10A，K为空调插座16A。

图 3-47 施工图

系统图见图 3-48。

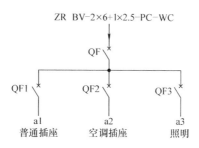

图 3-48 系统图

教室电气、照明原理图见图 3-49。

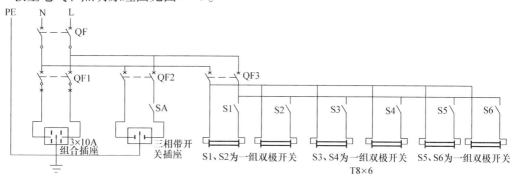

图 3-49 教室电气、照明原理图

电气图例材料表见表 3-47。

表 3-47 电气图例材料表

序号	图例	名称	型号规格	数量	做法及说明
1	AL	照明配电箱	PZ-30	1	明装 距地 1.4m

109

(续)

序号	图例	名称	型号规格	数量	做法及说明
2	—///—	三根导线	ZR BV-2×2.5+1×1.5-PR-M		槽板明敷设
3		带保护极的单极开关的插座	220V、16A	1	明装 距地 0.3m
4		双极开关	220V、10A	3	明装 距地 1.3m
5	—/n—	n 根导线			
6		带保护极的插座	220V、10A	3	明装 距地 0.3m
7		单管荧光灯			
8		双管控照组合灯具 T8	$6-T8\frac{2\times36}{2.4}SW$	6	吊装 距地 >2.4m
9		断路器	DZ 系列 2P	4	

二、填写维修工作任务单

请认真阅读工作情景描述及相关资料,用自己的语言填写维修工作任务单(见表 3-48)。

表 3-48 维修工作任务单　　　　　　　　　　编号:

维修地点					
维修项目			保修周期		
维修原因					
报修部门		承办人	报修时间	20　年　月　日	
		联系电话			
维修单位		责任人	承接时间	20　年　月　日	
		联系电话			
维修人员			完工时间	20　年　月　日	
验收意见			验收人		
处室负责人签字			维修处室负责人签字		

学习活动二　学习相关知识

一、电气施工图的特点及组成

◆ **引导问题**

1. 建筑物功能不同,电气施工图分为几类?

2. 电气施工图的阅读方法是什么？

◆ **咨询资料**

1. 电气施工图的分类

电气施工图所涉及的内容往往因建筑物的功能不同而有所变化，如建筑供配电、动力与照明、防雷与接地、建筑弱电等，用以表达不同的电气设计内容。

1）图样目录与设计说明：包括图样内容、数量、工程概况、设计依据以及图中未能表达清楚的各有关事项，如供电电源的来源、供电方式、电压等级、线路敷设方式、防雷接地、设备安装高度及安装方式、工程主要技术数据、施工注意事项等。

2）主要材料设备表：包括工程中所使用的各种设备和材料的名称、型号、规格、数量等，它是编制购置设备、材料计划的重要依据之一。

3）系统图：如变配电工程的供配电系统图、照明工程的照明系统图、电缆电视系统图等。系统图反映了系统的基本组成、主要电气设备、元器件之间的连接情况，以及它们的规格、型号、参数等。

4）平面布置图：是电气施工图中的重要图样之一，如变配电所电气设备安装平面图、照明平面图、防雷接地平面图等，用来表示电气设备的编号、名称、型号及安装位置、线路的起始点、敷设部位、敷设方式，以及所用导线型号、规格、根数、管径大小等。依据平面布置图可以编制工程预算和施工方案。

5）控制原理图：包括系统中所用电气设备的电气控制原理，用以指导电气设备的安装和控制系统的调试运行。

6）安装接线图：包括电气设备的布置与接线。阅读时应与控制原理图对照，以指导系统的配线和调校。

7）安装大样图（详图）：是详细表示电气设备安装方法的图样，对安装部件的各部位注有具体图形和详细尺寸，是进行安装施工和编制工程材料计划时的重要参考。

2. 电气施工图的阅读方法

1）熟悉电气图例、符号，弄清图例、符号所代表的内容。常用的电气工程图例及文字符号可参见国家颁布的电气图形符号标准。

2）针对一套电气施工图，一般应先按以下顺序阅读，然后再对某部分内容进行重点识读：

①看标题栏及图样目录了解工程名称、项目内容、设计日期，以及图样内容、数量等。

②看设计说明了解工程概况、设计依据等，了解图样中未能表达清楚的各有关事项。

③看设备材料表了解工程中所使用的设备、材料的型号、规格和数量。

④看系统图了解系统基本组成，主要电气设备、元器件之间的连接关系，以及它们的规格、型号、参数等，掌握该系统的组成概况。

⑤看平面布置图，如照明平面图、防雷接地平面图等，了解电气设备的规格、型号、数量，以及线路的起始点、敷设部位、敷设方式和导线根数等。平面图的阅读可按照以下顺序进行：电源进线→总配电箱→干线→支线→分配电箱→电气设备。

⑥看控制原理图了解系统中电气设备的电气自动控制原理，以指导设备安装调试工作。

⑦看安装接线图了解电气设备的布置与接线。

⑧看安装大样图了解电气设备的具体安装方法、安装部件的具体尺寸等。
3）抓住电气施工图要点进行识读：
①明确各配电回路的相序、路径、管线敷设部位、敷设方式以及导线的型号和根数。
②明确电气设备、元器件的平面安装位置。
4）结合土建施工图进行阅读。电气施工图只能反映电气设备的平面布置情况，结合土建施工图还可以了解电气设备的立体布设情况。
5）熟悉施工顺序，便于阅读电气施工图。例如，识读配电系统图、照明与插座平面图时，就应先了解室内配线的施工顺序。
①根据电气施工图确定设备安装位置、导线敷设方式、敷设路径及导线穿墙或楼板的位置。
②结合土建施工进行各种预埋件、线管、接线盒、保护管的预埋。
③装设绝缘支持物、线夹等，敷设导线。
④安装灯具、开关、插座及电气设备。
⑤进行导线绝缘性能测试、检查及通电试验。
⑥工程验收。
6）识读时，施工图中各图样应协调配合阅读。对于具体工程来说，为说明配电关系需要有配电系统图；为说明电气设备、元器件的具体安装位置需要有平面布置图；为说明设备工作原理需要有控制原理图；为表示元器件连接关系需要有安装接线图；为说明设备、材料的特性、参数需要有设备材料表等。这些图样的用途各不相同，但相互联系并协调一致。在识读时应根据需要，将各图样结合起来识读，以全面了解整个工程或分部项目。

二、线槽

线槽（见图3-50）多用于房屋构建装饰，一般为明装。常见产品规格有10mm×15mm、20mm×16mm、32mm×12.5mm、32mm×16mm、40mm×12.5mm、40mm×16mm、40mm×20mm、60mm×12.5mm。

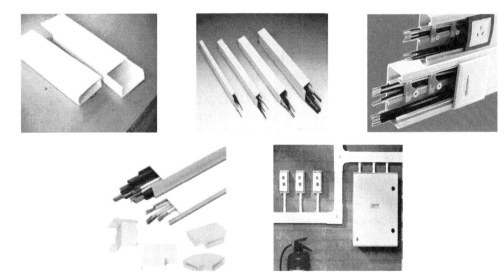

图3-50 线槽

线槽认证标准符号说明见表 3-49。

表 3-49 线槽认证标准符号说明

符 号	说 明	符 号	说 明
UL	美国电气认证	DVE	德国电气电子资讯检验认证
CSA	加拿大标准认证	ROHS	国际环保认证
CE	欧洲低电压设备认证		

三、布线敷设方式

布线敷设方式分为明敷及暗敷两种。布线方式主要取决于建筑物的环境特征。当几种敷设方式同时能满足环境特征要求时，则应根据建筑物的性质、要求及用电设备的分布等因素综合考虑，合理采用。

导线明敷设是指采用瓷夹板、瓷绝缘子配线等。明敷设一般看得见、摸得着，容易检修。

导线暗敷设是指敷设在墙内、地板内或建筑物顶棚内的布线。暗敷通常是先预埋管子，然后再向管内穿线。在不能进人的吊顶内穿管敷设属于隐蔽工程，可采用明敷设方式，因为材料使用及安装采用明敷设。

四、照明支线

供电范围单相支线长度不超过 30m，三相支线长度不超过 80m，每相的电流以不超过 20A 为宜。每一单相支线所装设的灯具和插座不应超过 20 个。在照明线路中插座的故障率最高，当安装数量较多时，应专设支线供电，以提高照明线路供电的可靠性。

室内照明支线的线路较长、转弯和分支很多，因此从敷设施工考虑，支线导线截面积不宜过大，通常应在 1.0~4.0mm² 范围内，最大不应超过 6mm²。当单相支线电流大于 15A 或截面积大于 6mm² 时，可采用三相或两条单相支线供电。

五、电路辅助符号的意义

一般用代数式 $a-b\dfrac{c\times d\times L}{e}f$ 表示，其中 a 表示灯具数量，b 表示型号或编号（无则省略），c 表示每盏灯具的组合数，d 表示每盏灯具的功率，e 表示灯具安装高度"-"表示吸顶安装，f 表示灯具安装方式，L 表示光源种类。

部分灯具安装方式的文字符号见表 3-50。

表 3-50 部分灯具安装方式的文字符号

安装方式	文字符号
线吊式	SW
壁装式	W
吸顶式	C

电气线路所使用导线的型号、根数、截面积、敷设方式和敷设位置等，需要在导线图形符号旁加文字标注，线路标注的一般格式如下：

$$ab-c(d\times e+f\times g)i-jh$$

式中 a——线路编号；

      b——型号（不需要可省略）；

      c——线缆根数；

      d——线缆芯数；

      e——线芯截面积，（mm^2）；

      f——PE、N 线芯数；

      g——线芯截面积（mm^2）；

      i——部分导线敷设方式的文字符号（见表3-51）；

      j——部分导线敷设位置的文字符号（见表3-52）；

      h——导线敷设安装高度。上述字母无内容则省略该部分。

表3-51 部分导线敷设方式的文字符号

序号	文字符号	导线敷设方式	序号	文字符号	导线敷设方式
1	SC	穿焊接钢管敷设	4	PR	塑料线槽敷设
2	MT	穿电线管敷设	5	MR	金属线槽敷设
3	PC	穿硬塑料导管敷设	6	CT	电缆桥架敷设

表3-52 部分导线敷设位置的文字符号

序号	文字符号	导线敷设位置	序号	文字符号	导线敷设位置
1	WC	暗敷设在墙内	4	SCE	吊顶内敷设
2	FC	地板或地面下敷设	5	WS	沿墙面敷设
3	CC	暗敷设在屋面或顶板内	6	CE	沿天棚或顶板面敷设

线路标注方法的示例如图3-51所示。

图3-51 示例

WL1-BV-3×4-PR-WS 的含义是：第一条照明支路（WL1）；塑料绝缘铜芯导线（BV）；共有3根线，每根截面积为$4mm^2$（3×4）；敷设方式为穿塑料线槽敷设（PR）；敷设位置为沿墙面敷设（WS）。

WP1-BV-3×6+1×4-PC20-WC 的含义是：第一条动力支线（WP1）；塑料绝缘铜芯导线（BV）；共有4根导线，其中3根截面积为$6mm^2$，1根截面积为$4mm^2$（3×6+1×4）；穿直径为20mm的硬塑料管（PC20）；暗敷设在墙内（WC）。

六、照度

◆ 引导问题

1. 什么是平均照度？

2. 住宅各个部分一般有特定的功能，在照明时有什么不同的要求？
3. 住宅建筑照明的照度标准是什么？
4. 住宅照明设计照度的计算方法是什么？

◆ **咨询资料**

1. 平均照度

平均照度（E_{av}）= 单个灯具光通量 Φ × 灯具数量（N）× 空间利用系数（CU）× 维护系数（MF）÷ 地板面积（长 × 宽）

公式说明：

1）单个灯具光通量 Φ 是指这个灯具内所含光源的裸光源总光通量值。

2）空间利用系数（CU）是指从照明灯具放射出来的光束有百分之多少到达地板和作业台面，与照明灯具的设计、安装高度、房间的大小和反射率有关。如常用灯盘在 3m 左右高的空间使用，其利用系数 CU 可取 0.6～0.75；而悬挂灯铝罩，空间高度在 6～10m 时，其利用系数 CU 的取值范围为 0.45～0.7；筒灯类灯具在 3m 左右高的空间使用，其利用系数 CU 可取 0.4～0.55；而像光带支架类的灯具在 4m 左右高的空间使用时，其利用系数 CU 可取 0.3～0.5。

3）维护系数是指伴随着照明灯具的老化、灯具光输出能力的降低和光源使用时间的增加，光源发生光衰；或由于房间灰尘的积累，空间反射效率降低，致使照度降低而乘上的系数。一般较清洁的场所，如客厅、卧室、办公室、教室、阅读室、医院、高级品牌专卖店、艺术馆、博物馆等，其维护系数取 0.8；一般性的商店、超市、营业厅、影剧院、机械加工车间、车站等场所，维护系数取 0.7；污染指数较大的场所，维护系数则取 0.6 左右。

例1：室内照明，4m×5m 房间，使用 3×36W 隔栅灯 9 套（仪器测得 1 盏 36W 隔栅灯的光通量为 2500lm），计算其平均照度。

平均照度 = $\Phi × N × CU × MF$/面积 =（2500lm×3×9）×0.4×0.8÷4m÷5m = 1080lx

结论：平均照度在 1000lx 以上。

例2：体育馆照明，20m×40m 场地，使用 POWRSPOT 1000W 金卤灯 60 套（仪器测得 1 盏 1000W 金卤灯的光通量为 105000lm），计算其平均照度。

平均照度 = $\Phi × N × CU × MF$/面积 =（105000lm×60）×0.3×0.8÷20m÷40m = 1890lx

结论：平均照度为 1890lx。

---

2. 住宅建筑照明的照度标准（见表 3-53）

七、常见电气、照明电路故障及检修

1. 常见故障现象

1）断路故障：表现形式为灯具不亮。

2）短路故障：表现形式为跳闸（断路器、剩余电流断路器）或烧断熔丝（普通负荷开关）。

3）插座故障：表现形式为带上负载没电或忽有忽无，带上负载跳闸。

4）灯具故障：表现形式为接通电源后，灯具不亮或忽明忽暗（如白炽灯也可能出现暗红火或特亮；荧光灯光闪动或只有两头发光、光在灯管内滚动或灯光闪烁）、开灯跳闸等。

表 3-53　住宅建筑照明的照度标准

类别		参考平面及其高度	照度标准值/lx
起居室	一般活动	0.75m 水平面	100
	书写、阅读		300*
卧室	一般活动	0.75m 水平面	75
	床头、阅读		150*
餐厅		0.75m 水平面	150
厨房	一般活动	0.75m 水平面	100
	操作台	台面	150*
卫生间		0.75m 水平面	100
电梯前厅		地面	75
走道、楼梯间		地面	50
车库		地面	30

注：*指混合照明照度。

2. 故障原因

在照明线路中，产生断路的原因主要有灯丝烧断、熔丝熔断、开关没有接通、线头松脱、接头腐蚀（特别是铝线接头和铜铝接头）以及断线。

在照明线路中，造成短路的原因很多，大致有以下几种：

1）电气设备接线不符合规范，以致在接头处碰在一起或碰到金属外壳。

2）插座或开关进水或有金属异物造成内部短路。

3）导线绝缘外皮损坏或老化，使相线和零线相碰或相线与金属外壳相碰造成短路。

4）用电负载本身损坏造成短路。

3. 故障检查

如果在一间房里有好几盏灯具，其中只有一盏灯不亮，这时首先应按（或拉）两下控制这盏灯的开关，检查开关是否在闭合位置。然后，检查灯管是否有问题，若灯管没问题，则应拆开开关检查（注意：检查时应断开总闸），检查开关接触是否良好，若开关良好，则可检查灯头及各接头处是否接触良好。

如果整个房间的灯都不亮，应检查总闸是否接通或总熔断器是否熔断，其次检查是否已停电，再次检查电源主支路。若是线路的问题，则可用下述方法进行检查。

1）停电检查法。该方法是在线路的某一位置（一般在线路的中间位置）用万用表的电阻档，测量相线与零线之间的电阻。若所测电阻为无穷大，则此位置至灯具这段线路有断路；若所测电阻约等于灯具应有的电阻，则此位置至电源这段线路有断路。此时，可再在有断路的线路上选另一位置，用同样的方法检查，直至查到故障点为止。

2）带电检查法。该方法是在上述位置用验电器测量相线和零线，若两根线都有电，则电源侧的零线有断路；若两根线均无电，则电源侧的相线有断路；若一根有电，另一根没电，则灯泡侧的零线或相线有断路。在故障线路上,再用上述方法检查,直到找到故障点为止。

八、电气、照明线路基本检修思路及步骤

1. 基本检修思路

常见电气、照明线路发生故障后,一般先通过问、看、听、摸来了解故障发生后出现的异常现象,根据故障现象初步判断故障发生的部位,用逻辑分析法确定并缩小故障范围,然后对故障范围进行外观检查,用试验法进一步缩小故障范围,用测量法确定故障点,最后正确排除故障。

2. 检修步骤

(1) 检修前的故障调查　在检修前,通过问、看、听、摸来了解故障前后的情况和故障发生后出现的异常现象,以便根据故障现象判断出故障发生的部位,进而准确地排除故障。

(2) 用逻辑分析法确定并缩小故障范围　结合故障现象和线路工作原理,认真进行分析排查,即可迅速判定故障发生的可能范围。当故障的可疑范围较大时,不必按部就班地逐级进行检查,这时可在故障范围的中间环节进行检查,来判断故障究竟是发生在哪一部分,从而缩小故障范围,提高检修速度。

(3) 对故障范围进行外观检查　在确定了故障发生的可能范围后,可对范围内的电器元件及连接导线进行外观检查,例如熔断器的熔体熔断、导线接头松动或脱落、电气开关的动作机构受阻失灵等,都能明显地表明故障点所在。

(4) 用试验法进一步缩小故障范围　经外观检查未发现故障点时,可根据故障现象,结合电路原理分析故障原因,在不扩大故障范围的前提下进行直接通电试验,或除去负载通电试验,以判断出引起故障的电路。在通电试验时,必须注意人身和设备的安全,要遵守安全操作规程,不得随意触动带电部分。

(5) 用测量法确定故障点　测量法是用来准确确定故障点的一种行之有效的检查方法。常用的测试工具和仪表有测电笔、万用表等,主要通过测量电压、电阻、电流等参数,来判断电器元件的好坏、线路的绝缘情况以及线路的通断情况。常用的测量方法有电压分段测量法、电阻分段测量法和短接法。

检查分析电气设备故障时,应根据故障的性质和具体情况灵活选用采用的方法。断电检查多采用电阻法,通电检查多采用电压法或电流法。各种方法可交叉使用,以便迅速有效地找出故障点。

(6) 修复　当找出电气设备的故障点后,就要着手进行修复、试运行、记录等,然后交付使用,但修复必须注意以下事项:

1) 在找出故障点和修复故障时,不能把找出的故障点作为寻找故障的终点,还必须进一步分析产生故障的根本原因。

2) 找出故障点后,一定要针对不同故障情况和部位采取正确的修复方法。在修理故障点时,应尽量做到复原。

提示:每次排除故障后,应及时总结经验,并做好维修记录,作为档案以备日后维修时参考,并通过对历次故障的分析,采取相应的有效措施,防止类似事故的再次发生,也可对线路本身的设计提出改进意见等。

学习活动三　制订工作计划

◆ 引导问题

1. 如让你负责,怎样组织完成这项工作?具体应考虑哪些问题?
2. 本次施工你采用哪种施工方法?如何安排施工进度?
3. 为保证施工质量、安全、工期要求,你准备采取哪些技术措施?

请你根据实际情况制订工作计划,填写表3-54～表3-57。

表3-54　教室照明线路的施工工作计划

施工单位		完成时间	
施工目的和要求	施工目的		施工工艺要求
项目负责人		安全负责人	
质量验收负责人		工具与材料领取员	
技术人员 (负责安装人员)		实施的具体步骤	1. 2. 3.

表3-55　教室所用器材名称、规格、数量及安装方式对应表

名　称	规　格	数　量	安装方式

表3-56　施工检修工具计划表

序号	名　称	规格	数量	用　途

表3-57　工序及工期安排表

序号	工作内容	完成时间	备　注

学习活动四　任务实施

一、工艺要求

1）元器件布置要合理。

2）电路连线工艺要美观，走线横平竖直，不压线，不反圈，导线与接触头连接处需裸露导线0.5cm。没有架空线。

3）相线进开关，通过开关进灯头；零线直接进灯头。

4）元器件固定可靠，导线连接可靠，连接导线不受机械力。

二、安全要求

1）应有安全、文明的作业组织措施：工作人员合理分工，建立安全员制度、监护人制度、文明作业巡视员制度。

2）应采用必要的安全技术措施，如安全隔离措施，即切断外电气线路电源并验电。

3）在停电的电气线路、设备上工作时，应挂警示类或禁止类标志牌；严禁约时停送电、装接地线等，以防意外事故的发生。

4）在断开的开关或拉闸断电锁好的开关箱操作把手上悬挂"禁止合闸，有人工作！"的标志牌，防止误合闸造成人身伤害或引发设备事故。

三、开关、插座施工要求

（1）开关、插座使用基本要求

1）同一场所的开关切断位置应一致，且操作灵活，触头接触可靠；电器、灯具的相线应经开关控制。安装开关、插座时不得碰坏墙面，要保持墙面清洁。

2）用自攻锁紧螺钉或自切螺钉安装的，螺钉与软塑固定件旋合长度不应小于8mm；固定面板时，为保持美观，应选用统一的螺钉。

3）接地或接零支线必须单独与接地或接零干线相连接，不得串联。

4）开关、插座箱内拱头接线，应改为鸡爪接导线总头，再将分支导线接各开关或插座端头。或者采用安全型接线帽压接总头后，再分支进行导线连接。

（2）开关安装位置要求

1）扳把开关距地面的高度为1.4m，距门口为150～200mm；开关不得置于单扇门后。

2）开关位置应与灯位相对应，同一室内开关方向应一致。

3）成排安装的开关高度应一致，高低差不大于2mm。

（3）插座安装位置要求

1）同一室内安装的插座高低差不应大于5mm；成排安装的插座高低差不应大于2mm。

2）当不采用安全型插座时，幼儿园及小学等儿童活动场所安装高度不小于1.8m。

3）车间及实验室的插座安装高度距地面不小于 0.3m，特殊场所的插座距地不小于 0.15m。

4）三孔或四孔插座的接地孔必须在顶部位置，不准倒装或横装。

（4）插座连线

1）单相两孔插座有横装和竖装两种。横装时，面对插座的右孔接相线，左孔接中性线；竖装时，面对插座的上孔接相线，下孔接中性线，如图 3-52、图 3-53 所示。

图 3-52　横装　　　　　　　　　图 3-53　竖装

2）单相三孔及单相四孔插座接线示意图如图 3-54、图 3-55 所示，保护接地线应接在上方。

图 3-54　单相三孔插座接线示意图　　　图 3-55　单相四孔插座接线示意图

四、明装开关、插座操作

1）将塑料台引线槽中导线顺好方向，再用螺钉固定。

2）将甩出的线从电器孔中穿出，并留出维修长度，削出线芯，注意不要碰伤线芯。

3）将导线按顺时针方向盘绕在开关、插座对应的接线桩（柱）上，然后旋紧压头。如果是针式接线桩，也可将线芯直接插入接线孔内，再用顶丝将其压紧。注意线芯不得外露。

4）将开关或插座贴于塑料台上，对中找正，用木螺钉固定。

5）将开关、插座的盖板安装好。

五、教室电气、照明施工后自检

1. 分组，依据技术交底记录，检查施工质量并记入表 3-58。

表 3-58　检查记录

项　　目	灯具	插座	开关	照明控制箱
各部位置、尺寸				
接线端子可靠性				
维修预留长度				
导线绝缘的损坏				
线槽工艺性				
美观协调性				

2. 利用万用表进行电气检测，并记入表 3-59。

表 3-59 检测记录

项　目	阻值	备　注
荧光灯支路的电阻		
插座支路的电阻		
空调器插座支路的电阻		

用万用表测量支路电阻的方法为：将万用表置于电阻档（确保 QF、QF1、QF2、QF3 在断开状态并且插座无负载），测试室内照明控制箱 QF1、QF2 的下口位置，可判断两插座支路是否正常；测试 QF3 下口位置（确保照明支路灯开关全断开、分别闭合），可判断荧光灯支路是否正常。

六、评价要点

1. 自评

请根据工程完工情况，用自己的语言描述具体的工作内容，并填写表 3-60。

表 3-60 评分表

评分项目	评价指标	标准分	评分
安全施工	是否做到了安全施工	10	
工具使用	使用是否正确	5	
接线工艺	接线是否符合工艺，布线是否合理	40	
自检	能否用数字万用表进行电路检测	10	
电路连接情况	能否试电成功，满足设计要求	20	
现场清理	是否能清理现场	5	
团结协作	小组成员是否团结协作	10	

2. 教师点评

1) 对各小组的讨论学习及展示进行点评。
2) 对各小组施工过程与施工成果进行点评。
3) 对各小组故障排查情况与排查过程进行点评。

学习活动五　综 合 评 价

评价表见表 3-61。

表 3-61 评价表

评价项目	评价内容	评价标准	评价主体	
			自评	互评
职业素养	安全意识 责任意识	A. 作风严谨，遵守纪律，出色地完成任务，90～100 分 B. 能够遵守规章制度，较好地完成工作任务，75～89 分 C. 遵守规章制度，没完成工作任务，60～74 分 D. 不遵守规章制度，没完成工作任务，0～59 分		
	学习态度	A. 积极参与学习活动，全勤，90～100 分 B. 缺勤达到任务总学时的 10%，75～89 分 C. 缺勤达到任务总学时的 20%，60～74 分 D. 缺勤达到任务总学时的 30%，0～59 分		

(续)

评价项目	评价内容	评价标准	评价主体	
			自评	互评
职业素养	团队合作	A. 与同学协作融洽,团队合作意识强,90~100分 B. 与同学能沟通,协同工作能力较强,75~89分 C. 与同学能沟通,协同工作能力一般,60~74分 D. 与同学沟通困难,协同工作能力较差,0~59分		
专业能力	学习活动二 学习相关知识	A. 学习活动评价成绩为90~100分 B. 学习活动评价成绩为75~89分 C. 学习活动评价成绩为60~74分 D. 学习活动评价成绩为0~59分		
	学习活动三 制订工作计划	A. 学习活动评价成绩为90~100分 B. 学习活动评价成绩为75~89分 C. 学习活动评价成绩为60~74分 D. 学习活动评价成绩为0~59分		
创新能力		学习过程中提出具有创新性、可行性的建议	加分	
班级		姓名	综合评价等级	

复习思考题

1. 施工中的小组人员协助重要吗?为什么?
2. 安全措施是必需的吗?为什么?
3. 在此任务后你有哪些收获?

子任务五 套装房用电线路的安装与检修

学习目标:

1. 能根据用电器的功能和使用环境进行分路。
2. 能正确使用漏电保护、接地保护。
3. 能正确区分厨卫电路的灯具与插座。
4. 能严格遵守操作规范和安装工艺,养成良好的职业习惯。
5. 能查阅《住宅设计规范》对用电器的安装要求。
6. 能与客户进行有效的沟通。

学习活动一 明确工作任务

一、工作情境描述

××装修公司业务部接到龙山国际×楼4单元12层某一套房(两室一厅、一厨、一卫,毛坯房）安装配电线路工程。要求：暗敷，照明施工图具体见图3-56。工程部门下达照明电路的安装任务，工期为2天，任务完成后交付工程部验收。

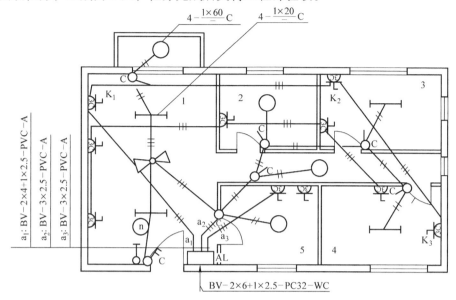

图3-56　房间照明施工图样

二、根据工作情境描述填写工作任务单

维修工作任务单见表3-62。

表3-62　维修工作任务单

编号：　　　　　　　　流水号：　　　　　　　　填表日期：

报修单位		报修人		报修时间	
报修项目		维修地点		适合维修时间	
维修内容					
报修单位 验收意见				验收人 验收时间	
维修单位 审核意见 审核人签名		维修人员		维修时间	
负责人		计划工时		实际工时	

◆ **引导问题**

1. 该项工作的计划工时是多少？开始时间、结束时间、验收时间分别是何时？
2. 该项工作的具体内容是什么？
3. 该项工作由谁负责？参与者都有哪些人？
4. 使用工作任务单的作用是什么？
5. 该项工作对工艺有什么要求？

◆ **咨询资料**

工作任务单是上级部门安排电工班组执行任务的书面指令，主要包括工作内容、定额工时、完成期限、所需材料、安全措施和技术质量等内容，同时，在施工过程中由班组按时填写实际完成进度、实际用工数、实际材料消耗等。任务完成后，填写相关内容，交由验收人员验收并加以评价。

在设计这个工作任务单的过程中，同学们可以上网收集材料，也可以到图书馆借阅书籍，或者去访问单位的维修电工，从多种途径获得有用资料，然后消化，最后综合运用设计出自己小组的工作任务单。在填写工作任务单时，小组长必须模拟工作场景将组员进行分工，分配各自的工作任务。

学习活动二　学习相关知识

◆ **引导问题**

1. 照明施工图进线标注的 BV-2×6+1×2.5-PC32-WC 的含义是什么？
2. PVC 管照明线路的暗敷设工艺是什么？
3. 该任务所需材料、工具有哪些？器件的规格、要求是什么？
4. 如何进行画线和定位、开孔和槽？有何注意事项？
5. 如何穿线？穿线应注意哪些事项？

◆ **咨询资料**

1. PVC 线管配线的方法、工艺及步骤

（1）线管选择　选择 PVC 线管时，通常根据敷设的场所来选择线管类型，根据穿管导线截面积和根数来选择线管的直径。选管时应注意以下几点：

1）敷设电线的硬 PVC 线管应选用热 PVC 线管，其优点是在常温下坚硬，有较大的机械强度，受热软化后，便于加工。对管壁厚度的要求是：明敷时不得小于 2mm；暗敷时不得小于 3mm。

2）在潮湿和有腐蚀性气体的场所，不管是明敷还是暗敷，都应采用硬 PVC 线管。

3）干燥场所内明敷或暗敷可采用管壁较薄的 PVC 线管。

4）根据穿管导线截面积和根数来选择线管的直径。要求穿管导线的总截面积（包括绝缘层）不应超过线管内径截面积的 40%。

（2）锯管　锯管前应检查 PVC 线管的质量，有裂纹、瘪陷及管内有锋口杂物等时，均不能使用。接着以两个接线盒之间为一个线段，根据线路弯曲转角情况来决定用几根 PVC 线管接成一个线段和确定弯曲部位，一个线段内应尽可能减少管口的连接接口。

锯 PVC 线管时，必须根据实际需要将其切断。切断的方法是用台虎钳将其固定，再用钢锯锯断。锯割时，在锯口上注少量润滑油可防止锯条过热。管口要平齐，并锉去毛刺。

（3）弯管　根据线路敷设的需要，在 PVC 线管改变方向时需将其弯曲。PVC 线管的弯曲通常采用加热弯曲法。加热时要掌握好火候，首先要使管子软化，不得烤伤、烤变色或使

管壁出现凸凹状。为便于导线在 PVC 线管中穿越，PVC 线管的弯曲角度不应小于 90°，其弯曲半径可作如下选择：明敷不能小于管径的 6 倍；暗敷不得小于管径的 10 倍。对 PVC 线管的加热弯曲有直接加热和灌沙加热两种方法。

（4）硬 PVC 线管的连接

1）加热连接法。

① 直接加热连接法。对直径为 50mm 及以下的 PVC 线管可用直接加热连接法。连接前先将管口倒角，即将连接处的外管倒内角，内管倒外角，如图 3-57 所示。然后将内、外管各自插接部位的接触面用汽油、苯或二氯乙烯等溶剂洗净，待溶剂挥发完后用喷灯、电炉或其他热源对插接段加热，加热长度为管径的 1.1~1.5 倍。也可将插接段浸在 130℃ 的热甘油或石蜡中加热至软化状态，将内管涂上黏结剂，趁热插入外管并调到两管轴心一致时，迅速用湿布包缠，使其尽快冷却硬化，如图 3-58 所示。

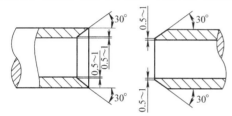

图 3-57　塑料管口倒角

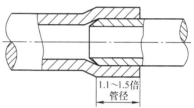

图 3-58　塑料管的直接插入

② 模具胀管法。对直径为 65mm 及以上的硬 PVC 线管的连接，可用模具胀管法。先按照直接加热连接法对接头部分进行倒角、清除油垢并加热，待 PVC 线管软化后，将已加热的金属模具趁热插入外管接头部，如图 3-59a 所示。然后用冷水冷却到 50℃ 左右，取下模具，在接触面涂上黏结剂，再次加热，待塑料管软化后进行插接，到位后用水冷却，使外管收缩，箍紧内管，完成连接。

硬 PVC 线管在完成上述插接工序后，如果条件具备，用相应的塑料焊条在接口处圆周上焊接一圈，使接头成为一个整体，则机械强度和防潮性能更好。焊接完工的 PVC 线管接头如图 3-59b 所示。

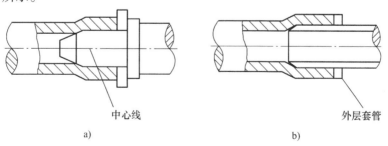

中心线　　　　　　　　　外层套管

a)　　　　　　　　　　　　b)

图 3-59　硬 PVC 线管的模具插接

2）套管连接法。两根硬塑料管的连接，可在接头部分加套管完成。套管的长度为它自身内径的 2.5~3 倍，其中管径在 50mm 以下者取较大值，在 50mm 以上者取较小值，管内径以待插接的硬 PVC 线管在套管加热状态刚能插进为合适。插接前，仍需先将管口在套管中部对齐,并处于同一轴线上,如图3-60所示。

(5) PVC线管的敷设

1) 硬PVC线管明敷时,应采用管卡支持,固定管子的管卡需距离始端、终端、转角中点、接线盒或电气设备边缘150~500mm。中间直线部分间距均匀,其最大允许间距参照值:管径在20mm及以下时,管卡间距为1m;管径在25~40mm时,管卡距离为1.2~1.5m;管径为50mm及以上时,管卡距离为2m。管卡均应安装在木结构或木榫上。

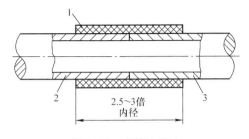

图3-60 套管连接法
1—套管 2、3—接管

2) 线管在砖墙内暗线敷设时,一般在土建砌砖时预埋,否则应先在砖墙上留槽或开槽,然后在砖缝里打入木榫并钉上钉子,再用铁丝将线管绑扎在钉子上,并进一步将钉子钉入。

3) 线管在混凝土内暗线敷设时,可用铁丝将管子绑扎在钢筋上,将管子用垫块垫高15mm以上,使管子与混凝土模板间保持足够距离,并防止浇灌混凝土时管子脱开。

(6) 暗敷操作 室内暗敷线管如图3-61所示。暗敷设选材时要根据实际情况进行分析,特别要注意安全性与合理性。暗敷设在选材时可依据以下原则进行:

1) 电气控制盒应使用品牌产品。

2) 强电线缆的选择要符合安全标准。通常,家庭装修暗敷布线时既可选择硬铜线,也可以选择软铜线,照明线要用2.5mm²铜芯线,空调器等大功率电器要用4mm²铜芯线,而地线则最好选择软铜线,这是因为硬线易折断,并且同样截面积的软线的载流量比单芯硬线略高。

图3-61 室内暗敷线管

3) 弱电线缆的选择要符合设备要求。电话线用4芯或2芯护套线;网络线用5类双绞线;电视线用专用轴线缆;报警线用8芯护套线等。

4) 暗敷操作对线管的选择有以下几个要求：

① 线管管径的要求。管内绝缘导线或电缆的总截面积（包括绝缘层），不应超过管内径截面积的 40%，线管管径通常由设计确定或者参照表 3-63 进行选择。

表 3-63 导线穿电线管的标称直径

导线截面积 /mm²	导线根数							
	2	3	4	5	6	7	8	9
	电线管的最小标称直径/mm							
1	12	15	15	20	20	25	25	25
1.5	12	15	20	20	25	25	25	25
2	15	15	20	20	25	25	25	25
2.5	15	15	20	25	25	25	25	25
3	15	15	20	25	25	25	25	32
4	15	20	25	25	25	25	32	32
5	15	20	25	25	25	25	32	32
6	15	20	25	25	25	32	32	32
8	20	25	25	32	32	32	40	40
10	25	25	32	32	40	40	40	50
16	25	32	32	40	40	50	50	50
20	25	32	40	40	50	50	50	70
25	32	40	40	50	50	70	70	70
35	32	40	50	50	70	70	70	70
50	40	50	70	70	70	70	80	80
70	50	50	70	70	80	80	80	
95	50	70	70	80	80			
120	70	70	80	80				

② 线管质量要求。管壁内不能存有杂物积水，金属管不能有铁屑毛刺。

③ 线管长度要求。当线管超过 15m 时，线管的中间应装设分线盒或拉线盒，否则应选用大一级的管子。

④ 线管垂直敷设时的要求。敷设于垂直线管中的导线，每超过下列长度时，应在管口或接线盒内加以固定。

导线截面积为 50mm² 以下，长度为 30m 时固定。

导线截面积为 70~95mm²，长度为 20m 时固定。

导线截面积为 120~240mm²，长度为 18m 时固定。

暗敷所涉及的电气设备包括插座、开关、电视接线模块、网线接线模块、电话线接线模块等。

暗敷时导线的敷设测量检测方法与明敷操作时的测量检测要求和方法相同，但这一步骤非常重要，不可省略。

（7）穿线 PVC 管敷设完毕，应将导线穿入线管中。穿线时应尽可能将同一回路的导线穿入同一管内，不同回路或不同电压的导线不得穿入同一根线管内。

2. 画线和定位

画线时，使用卷尺和铅笔，在开槽和预埋管线的地方画出导线的走线路径，并在每个网线端子、有线电视端子、电话线端子等固定点中心画出"X"记号。画线时应避免弄脏墙面，其中强弱电一定要分别布线，这样可以避免强电磁场干扰弱电的信号，包括电视机信号、电话机信号、网络信号等弱电信号。强弱电的间距至少200mm。

3. 开线槽

线路定位后，接下来是对画线部分进行开线槽的操作。开线槽期间要注意粉尘，特别是在使用切割机切割墙体时，极易产生大量的粉尘。过多的粉尘会对肺部造成伤害，也会污染环境，因此在开线槽的时候，要做好降尘工作。

（1）凿墙孔、开地槽 先将画线部分用水进行浇灌，使墙面潮湿；在开始切割时，一边切割一边向切割位置注水，切割完成后，可使用锤子和凿子进行细凿，即将切割机切线槽需要去除部分凿下来，使线槽内整齐无凸出部位，并且保证线槽的深度能容纳线管和线盒，其深度一般为线管埋入墙体抹灰层的厚度（15mm）。

提醒：使用水进行浇灌切割时，注意不要将水流入切割机中造成短路而烧毁切割机，并且注意切割机的导线要与切割机的砂轮保持距离，避免将导线切断。

凿墙孔、开地槽效果如图3-62所示。

图3-62　凿墙孔、开地槽效果

（2）布管埋盒 细凿完成后，接下来使用水泥将线管和接线盒进行安装固定，线槽深度不够的位置，可以使用凿子对其重新进行凿切，然后再进行线管和接线盒的固定。

1）在布线埋盒操作时，应先对PVC线管进行清洁，然后对其进行裁切。

2）布管过程中若需要进行弯管操作，通常不使用弯角配件，而是直接将线管进行弯曲，以免影响穿线操作或是给后期换线带来不便。

布线埋盒效果如图3-63所示。

3）如果线路中所需线管的长度不够，则需要对线管进行粘接，为了要保证管路通畅，PVC线管可以采用热熔法进行连接。

4)线管敷设完成后,需要对凿墙孔/开地槽进行修复,为了便于操作,这一个步骤可以放在管内穿线完成以后进行。

5)接线盒敷设时,应将线管从接线盒的侧孔中穿出,并利用锁紧螺母和护套将其固定。

图 3-63　布线埋盒效果

4. 供电接线盒的安装连接

供电接线盒的安装与加工就是要将入户的供电线与供电接线盒连接。其过程可分为供电接线盒的加工处理、供电线与供电接线盒接口模块的连接和供电接线盒的固定这三个操作环节。

预留导线连接端子并没有预留出连接所需要的长度,因此,需要使用剥线钳将预留出的导线进行剥线操作。

进行下一步操作前,首先检查接线盒、插座及预留导线是否正常,并将接线盒需要穿入导线一端的挡片取下。然后才能进行供电线与供电接线盒接口模块的连接。

嵌入接线盒操作如图 3-64 所示。

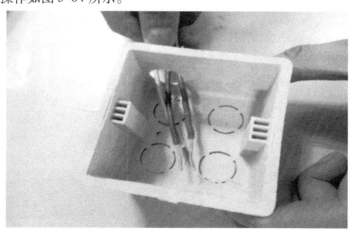

图 3-64　嵌入接线盒操作

将预留导线端子进行剥线操作后,将接线盒嵌入墙的开槽中。

供电接线盒的安装连接大体分为普通供电线盒的安装连接和控制功能的供电接线盒的安装连接。供电插座在家庭生活中,常见的是单相两孔插座和单相三孔插座。

5. 穿线的相关注意事项

开关、插座盒与线管连接应牢固密封。在未穿线时要将管口临时封堵,保证穿线管内壁光滑畅通、清洁、干燥。

管内穿线应在穿线管敷设完后,安装开关、插座、灯具等电气设备之前进行,是暗敷操作中最关键的一步。

穿线时,将连接着导线的穿线弹簧从线管的一端穿入,直到从另一端穿出。为了避免导线过热,穿线时,应注意内部导线的截面积不能超过线管的40%,导线从另一端穿出后,拉动导线的两端,查看是否有过紧卡死的状况。

穿线时,塑料管分线盒需要使用接头将PVC线管和分线盒进行连接,并且需要使用线夹将导线线芯连接起来。

管内穿线完成后,对暗敷的基本操作就完成了,可以将凿墙孔、开地槽进行恢复。图3-65所示为线管敷设完成后的恢复效果图。

6. 暗敷操作应遵循的原则

1)导线绝缘应符合线路安装环境和环境敷设条件,而且要求导线额定电压大于线路的工作电压。

2)强电和弱电要分开进行敷设,避免强电影响弱电信号,造成弱电信号传输的不正常。其中强电导线与墙体边缘、墙体构架及弱电导线的最小距离见表3-64。

3)在不同的供电系统中,禁止使用大地做零线。

4)进行线路的敷设时,敷设的导线应尽量减少接头。管道配线和槽板配线无论在什么情况下都不允许有接头,必要时可采用接线盒。在导线的接头处、分支处都不应受到机械硬力,特别是拉力的作用。

图3-65 线管敷设完成后的恢复效果图

表3-64 强电导线与墙体边缘、墙体构架及弱电导线的最小距离

敷设方式	最小允许范围/mm	敷设方式	最小允许范围/mm
水平敷设距离下方弱电线路交叉距离	600	水平敷设距离上方窗户垂直距离	800
水平敷设距离上方弱电线路交叉距离	300	垂直敷设距离阳台、窗户的水平距离	750
水平敷设距离下方窗户垂直距离	300	沿墙敷设距离墙构架的距离	50

5) 线路进行敷设时,要保持水平和垂直,导线敷设时的对地距离见表3-65。暗敷时要使用线管进行线路的敷设,禁止直接将导线埋设在墙体内。

表3-65 导线敷设时的对地距离

布线方式	最小距离/m
导线水平敷设	2.5
导线垂直敷设	1.8

6) 导线穿越墙体时,应加穿墙套管保护(瓷管、塑料管、钢管)。套管两端伸出墙体的长度不应小于10mm,并保持一定的倾斜度。导线沿墙敷设时,与墙体距离应大于10mm,以防止导线直接接触墙体而受潮。

7) 在跨越建筑物的伸缩缝或沉降缝的地方,导线应留有伸缩裕量,敷设线管时,应装补偿装置。

8) 为确保安全,导线互相交叉时,应在每根导线上加套绝缘套管,并将套管在导线上固定。注意电气管线和配电设备与各种管道间的最小允许距离应满足要求。

学习活动三 制订工作计划

请阅读现场施工图,用自己的语言描述具体的工作内容,制订工作计划;列出所需要的工具和材料清单。

1. 请你根据实际情况制订工作计划,并填写表3-66。

表3-66 套装房施工情况工作计划

施工单位		完成的时间	
施工目的和要求	施工目的		施工工艺要求
项目负责人		安全负责人	
质量验收负责人		工具与材料领取员	
技术人员(负责安装人员)		实施具体步骤	1. 2. 3. 4.

2. 请你列举所要用的工具和材料清单,并填写表3-67。

表 3-67 材料清单

名称	规格	数量	备注

3. 你在领取材料时应以什么为依据进行核对？

4. 你所领取的材料和器件用何种仪表检验？如有质量问题，你应当怎样协调解决？

5. 请认真阅读工作情景描述及相关资料，用自己的语言填写维修工作联系单（见表3-68）。

表 3-68 维修工作联系单

维修地点					
维修项目			保修周期		
维修原因					
报修部门		承办人		报修时间	20 年 月 日
		联系电话			
维修单位		责任人		承接时间	20 年 月 日
		联系电话			
维修人员				完工时间	20 年 月 日
验收意见				验收人	
处室负责人签字			维修处室负责人签字		

（1）填完工作任务单后你对此工作有信心吗？

（2）看到此项目描述后，你想如何组织计划实施完成？

（3）你认为工程项目现场环境、管理应如何才能有序、保质保量地完成任务。

（4）为了施工任务实施、学习方便、工作高效，在咨询教师前提下，你与班里同学协商，合理分成学习小组（组长自选、小组名自定，例如：电工组），并填写表3-69、表3-70。

表 3-69 小组名单与分工

小组名	组长	组员及分工

表 3-70 工序及工期安排

序号	工作内容	完成时间	备注

学习活动四　任务实施

一、线路的施工

◆ 引导问题

1. 进入现场后要做的第一件事是什么？如何去做？
2. 将要穿的导线拆去外包装，并正确放线，怎么放线才算正确？
3. 向穿线管内穿引线（钢丝），引线为什么用钢丝，而不用铁丝或铅丝？
4. 导线与引线钢丝是怎样连接的？为什么要求打结越小越好？

1. 正确放线（见图3-66）

图3-66　正确放线的方法

2. 导线与引线钢丝的连接（见图3-67）

图3-67　导线与引线钢丝的连接方法

3. 用钢丝向线管内穿导线（见图3-68）

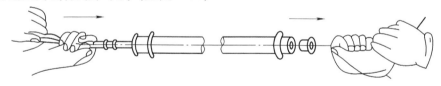

图3-68　用钢丝向线管内穿导线的方法

二、安装电器

◆ 引导问题

1. 照明灯具分哪几种安装方式？如何安装照明灯具？
2. 如何安装开关及插座？
3. 插座接线有什么要求呢？
4. 如何固定和连接插座？

1. 插座的安装

根据电源电压的不同插座可分为三相（四孔）插座和单相（三孔或二孔）插座，根据安装形式的不同又可分为明装式和暗装式两种，如图3-69所示。单相三孔插座安装的方法如图 3-70 所示。

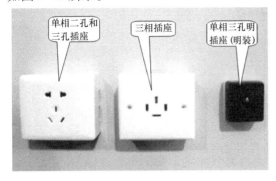
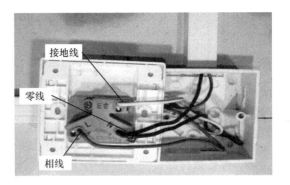

图 3-69　插座的种类　　　　　　图 3-70　单相三孔插座安装的方法

根据单相插座的接线原则（即左零右相上接地），将导线分别接入插座的接线桩内。注意根据标准规定接地线应是黄绿双色线。

2. 插座接线应符合的规定

1) 单相两孔插座，面对插座的右孔或上孔与相线连接，左孔或下孔与零线连接；单相三孔插座，面对插座的右孔与相线连接，左孔与零线连接。

2) 单相三孔、三相四孔及三相五孔插座的接地（PE）接在上孔。插座的接地端子严禁与零线端子连接。同一场所的三相插座，接线的相序应一致。

3) 接地（PE）在插座间不允许串联连接。

3. 插座的固定和连接

1) 在对插座进行连接时，发现插座的接线孔处于连接状态，即接线孔处的螺钉处于拧紧状态，此时需选择合适的一字槽螺钉旋具依次将插座各接线孔处的螺钉拧松。

2) 拧下插座保护盖暗扣并取下插座护盖操作。

3) 将插座护盖的按扣按下，并取下护盖。

4) 连接相线（红色）。将预留出的相线（红色）连接端子插入插座的相线接线孔，再选择合适的一字槽螺钉旋具拧紧插座相线接线孔的螺钉。

5) 连接零线（蓝色）。将零线（蓝色）连接端子穿入插座零线接线孔内，再使用一字槽螺钉旋具拧紧插座零线接线孔的螺钉。

6) 连接地线。将接地线插入插座的接地接线孔，并进行固定。

7) 检查导线端子连接是否牢固。将插座与预留导线端子连接完成后，检查导线连接端子是否连接牢固，以免导线连接端子连接不牢固引起漏电事故的发生。

8) 供电接线盒的固定。插座连接并检查完成后，盘绕多余的导线，并将插座放置到接线盒的位置，如图 3-71 所示。

将螺钉放置到插座的固定点，并使用

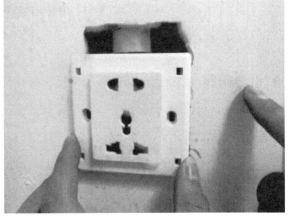

图 3-71　将插座放置到接线盒的位置

合适的十字槽螺钉旋具拧紧螺钉，将插座进行固定。

9）安装插座护盖：插座固定完成后，将插座护盖安装到插座上，至此，单相三孔插座便已经安装完成。

4. 室内装修电气线路的安装

(1) 导线的选择　导线的选择应根据住户用电负荷的大小而定，应满足供电能力和供电质量的要求，并满足防火的要求。用电设备的负荷电流不能超过导线的额定安全载流量。

一般每户住宅的用电功率在4～10kW，每户进户线宜采用截面积为10mm^{2}的铜芯绝缘线，分支回路导线采用截面积不小于2.5mm^{2}的铜芯绝缘导线。对特殊用户则应特别配线。为使所有的用电装置都能够可靠接地，应将接地线引入每户居民住宅，接地线采用不小于2.5mm^{2}的铜芯绝缘线。在房屋装修中，所有线路都应采用铜芯绝缘线穿管暗敷设方式。

(2) 室内布线　室内布线的技术要求如下：

①室内布线根据绝缘导线的颜色区分相线、中性线和地线。②选用的绝缘导线其额定电压应大于线路工作电压，导线的绝缘应符合线路的安装方式和敷设的环境条件。③配线时应尽量避免导线有接头。因为接头往往由于工艺不良等原因而使接触电阻变大，发热量较大而引起事故。必须有接头时，可采用压接和焊接，但其接触必须良好，无松动，接头处不应受到机械力的作用。④当导线互相交叉时，为避免碰线，在每根导线上应套上塑料管或绝缘管，并将套管固定。⑤若导线所穿的管为钢管，钢管应接地。当几个回路的导线穿同一根管时，管内的绝缘导线数不得多于8根。穿管敷设的绝缘导线的绝缘电压等级不应小于500V，穿管导线的总截面积（包括外护套）应不大于管内径面积的40%。

(3) 灯具的安装　灯具的高度：室内灯具悬挂要适当，如果悬挂过高，不利于维修，而且降低了照度；如果悬挂过低，会产生眩光，降低人的视力，而且容易与人碰撞，不安全。灯具悬挂的高度应考虑：便于维护管理；保证电气安全；限制直接眩光；与建筑尺寸配合；提高经济性。建筑照明标准参见表3-53。

灯具布置前，应先了解建筑的高度及是否做吊顶等问题，灯具的基本功能是提供照明。在设计中应注意荧光灯比白炽灯光照度高，直接照明比间接照明灯具效率高，吸顶安装比嵌入安装灯具效率高。灯具遮光材料的透射率及老化问题也应在设计考虑范围之内，选择光效高、寿命长、功率因数高的光源，高效率的灯具和合理的安装使用方法，可以保证照度并节约用电。

灯具现在一般推荐采用节能电灯，如稀土荧光灯，三基色高效细荧光灯，紧凑型荧光灯（双D型H型），小容量卤、钨灯等。灯具的选择视具体房间功能而定，如起居室、卧室可用升降灯，起居室、客厅设置一般照明、灯饰台灯、壁灯、落地灯等。厨房的灯具应选用玻璃或陶瓷制品灯罩配以防潮灯口，并且宜与餐厅用的照明光显色一致，浴室灯应选用防潮灯口的防爆灯。

安装灯具时，安装高度低于2.4m时，金属灯具应作接零或接地保护，开关距门框0.15～0.2m，灯头距离易燃物不得小于0.3m；在潮湿有腐蚀性气体的场所，应采用防潮、防爆的灯头和开关；灯具安装时应牢固可靠，质量超过1kg时，要加装金属吊链或预埋吊钩；灯架和管内的导线不应有接头；灯具配件应齐全，灯具的各种金属配件应进行防腐处理。

（4）开关的安装　安装开关时，应注意开关的额定电压与供电电压是否相符；开关的额定电流应大于所控制灯具的额定电流；开关结构应适应安装场所的环境。明装时可选用拉线开关，拉线开关距地2.8m，拉线可采用绝缘绳，长度不应小于1.5m。成排安装开关时，高度应一致。开关位置与灯位相对应，同一室内开关的开、闭方向应一致。开关应串联在通往灯头的相线上。安装开关时，无论明装还是暗装，均应安装成往下扳动接通电源，往上扳动切断电源。

（5）插座的安装　安装插座时，应注意插座的额定电压必须与受电电压相符，额定电流大于所控电器的额定电流；插座的型号应根据所控电器的防触电类别来选用；双孔插座应水平并列安装，不可以垂直安装；三孔或四孔插座的接地孔应置于顶部，不许倒装或横装；一般居室、学校，明装距地距离不应低于1.8m，车间和实验室不应低于0.3m。

插座宜固定安装，切忌吊挂使用。插座吊挂会使电线受摆动，造成压线螺钉松动，并使插头与插座接触不良。对于单相双线或三线的插座，接线时必须按照左中性线、右相线、上接地线的方法进行，与所有家用电器的三线插头配合。

插座要充分考虑家庭现有的和未来5~10年可能要添置的家用电器，尽可能多安装一些插座，避免因后期发现插座不够用而重新改造电气线路，将电气事故隐患的概率降到最低。同时，住宅内的插座应全部设置为安全型插座，在厨房、卫生间等比较潮湿的地方应加上防潮盖。

客厅、卧室、厨房、餐厅、卫生间插座的安装高度及容量选择：

1）客厅。客厅插座底边距地1.0m较为合适，既使用方便，也能与墙裙装修协调。另外，小于20m^2的客厅，空调器一般采用壁挂式，空调器插座底边距地1.8m。如果客厅大于20m^2，采用柜机，插座底边距地1.0m。客厅插座容量的选择原则是：壁挂式空调器选用10A三孔插座，柜式空调器选用16A三孔插座，其余选用10A的多用插座。

2）卧室。卧室装修中，很少采用墙裙装修，空调器电源插座底边距地1.8m，其余强、弱电插座底边距地0.3m。空调器电源选用10A三孔插座，其余选用10A二、三孔多用插座。

3）厨房。厨房中家用电器比较多，主要有冰箱、电饭煲、排气扇、消毒柜、电烤箱、微波炉、洗碗机、壁挂式电话机等。在炉台侧面布置一组多用插座，供排气扇用，在切菜台上方及其他位置均匀布置6组三孔插座，容量均为10A。厨房门边布置电话插座一个。以上插座底边距地均为1.4m。

4）餐厅。餐厅中家用电器很少，冬天有电火锅，夏天有落地风扇等，沿墙均匀布置2组（二、三孔）多用插座即可，安装高度底边距地0.3m，容量为10A。装一个电话插座，安装高度底边距地1.4m。

5）卫生间。卫生间中的家用电器有排气扇、电热水器等。一个10A多用插座供排气扇用，1个16A三孔插座供电热水器用，底边距地1.8m，安装时要远离淋浴器，且必须采用防溅型插座。

小提示：厂房装修时，携带式或移动式灯具使用的插座，单相宜用三孔插座，三相应用四孔插座，如图 3-72、图 3-73 所示。其接地孔与接地线或零线接牢。禁止使用两孔圆插座。

图 3-72　三相四孔插头插座

图 3-73　防爆三相四孔插头插座

三、施工项目验收

◆ **引导问题**

查阅《住宅设计规范》《住宅室内装饰装修工程质量验收规范》，完成以下问题：
（1）试写出电工工程验收要求（16字方针）：
（2）墙、顶、地面剔槽，埋PVC硬质阻燃线管及配件，对管内导线有何要求？
（3）暗线敷设必须配阻燃管，严禁将导线直接埋入_____内，导线在管内不得_____，如需分线，必须用_____。暗埋时需留_____。
（4）安装电源插座时，面向插座应符合"_____"的要求，有接地孔插座的接地线应_____，不得与工作零线混用。
（5）厕浴间应安装_____插座，_____宜安装在门外开启侧的墙体上。
（6）灯具、开关、插座的安装规范是什么？
（7）每套住宅的空调器电源插座、电源插座与照明，应_____；厨房电源插座和卫生间电源插座宜_____。
（8）每幢住宅的总电源进线断路器，应具有_____保护功能。
（9）电工验收流程是什么？
（10）与客户沟通些什么？

1. 填写任务单（验收部分）（见表 3-71）

表 3-71　维修工作单

编号：　　　　　　　流水号：　　　　　　　填表日期：

报修单位		报修人		报修时间	
报修项目		维修地点		适合维修时间	
维修内容					
报修单位验收意见				验收人	
				验收时间	
维修单位审核意见		维修人员		维修时间	
审核人		计划工时		实际工时	

2. 验收标准

（1）住宅设计规范（电气方面）

1）每套住宅应设电能表。每套住宅的用电负荷标准及电能表规格，不应小于表3-72的规定。

表3-72 用电负荷标准及电能表规格

套型	用电负荷标准/kW	电能表规格/A	套型	用电负荷标准/kW	电能表规格/A
一类	2.5	5（20）	三类	4.0	10（40）
二类	2.5	5（20）	四类	4.0	10（40）

2）住宅供电系统的设计，应符合下列基本安全要求：

① 应采用TT、TN-C-S或TN-S接地方式，并进行总等电位联结。

② 电气线路应采用符合安全和防火要求的敷设方式配线，导线应采用铜线，每套住宅进户线截面积不应小于$10mm^2$，分支回路截面积不应小于$2.5mm^2$。

③ 每套住宅的空调器电源插座、电源插座与照明，应分路设计；厨房电源插座和卫生间电源插座宜设置独立回路。

④ 除空调器电源插座外，其他电源插座电路应设置剩余电流断路器。

⑤ 每套住宅应设计电源总断路器，并应采用可同时断开相线和中性线的开关电器。

⑥ 卫生间宜作局部等电位联结。

⑦ 每幢住宅的总电源进线断路器，应具有漏电保护功能。

3）住宅的公共部位应设人工照明，除高层住宅的电梯厅和应急照明外，均应采用节能自熄开关。

4）电源插座的数量，不应少于表3-73的规定。

表3-73 电源插座的设置数量

部 位	设 置 数 量
卧室、起居室（厅）	一个单相三孔和一个单相二孔的插座两组
厨房、卫生间	防溅水型，一个单相三孔，一个单相二孔，组合插座一组
布置洗衣机、冰箱、排气机械和空调器等处	专用单相三孔插座各一个

（2）室内装饰工程施工及验收标准

1）电工工程 验收要求：材料达标、安全可靠、外观洁净，灵活有效。

① 墙、顶、地面剔槽，埋PVC硬质阻燃线管及配件，内穿$2.5mm^2$塑铜线，分色布线，空调器等大功率电器应采用$4mm^2$塑铜线。

② 阻燃管内穿线不超过4根，弱电（电话机、电视机）单独穿管，水平间距不应小于500mm，特殊情况时可考虑屏蔽后并行。

③ 暗线铺设必须配阻燃管，严禁将导线直接埋入抹灰层内，导线在管内不得有接头和扭结，如需分线，必须用分线盒。暗埋时需留检修口。吊顶内可直接用双层塑胶护套线。

④ 剔槽埋管后，需经客户签字验收后，方可用水泥沙浆或石膏填平。

⑤ 安装电源插座时，面向插座应符合"左零右相，保护地线在上"的要求，有接地孔插座的接地线应单独敷设，不得与工作零线混用。

⑥ 厕浴间应安装防水插座，开关宜安装在门外开启侧的墙体上。

⑦ 灯具、开关、插座安装牢固、灵活有效、位置正确，上沿标高一致，面板端正，紧贴墙面、无缝隙，表面洁净。

⑧ 电气工程安装完后，应进行24h满负荷运行试验，检验合格后才能验收使用。

⑨ 工程竣工时应向用户提供电路竣工图，标明导线规格和暗线管走向。

2）电工验收流程

① 确认电线。

② 观察走线是否横平竖直。

③ 观察开关、插座接头是否牢固。

④ 向工程监理员询问，线径匹配、零地相三线位置是否合理。

⑤ 观察开关、插座安装是否平正，高低是否一致。

⑥ 检验开关是否灵活有效。

四、故障排查（见表3-74）

表3-74 排查记录

序号	故障问题	现象	排查	得分统计

五、展示与评价（见表3-75）

表3-75 评分表

评分项目	评 价 指 标	标准分	评分
原理图	能否根据原理图分析电路的功能	20	
查阅资料	能否查阅照明装置施工及验收规范	20	
现场测绘	能否勘查现场，做好测绘紧急记录	20	
施工图	能否正确绘制、标注施工图	20	
团结协作	小组成员是否团结协作	20	

学习活动五 综 合 评 价

评价表见表3-76。

表3-76 评价表

评价项目	评价内容	评价标准	评价主体	
			自评	互评
职业素养	安全意识 责任意识	A. 作风严谨，遵守纪律，出色地完成任务，90~100分 B. 能够遵守规章制度，较好地完成工作任务，75~89分 C. 遵守规章制度，没完成工作任务，60~74分 D. 不遵守规章制度，没完成工作任务，0~59分		
	学习态度	A. 积极参与学习活动，全勤，90~100分 B. 缺勤达到任务总学时的10%，75~89分 C. 缺勤达到任务总学时的20%，60~74分 D. 缺勤达到任务总学时的30%，0~59分		
	团队合作	A. 与同学协作融洽，团队合作意识强，90~100分 B. 与同学能沟通，协同工作能力较强，75~89分 C. 与同学能沟通，协同工作能力一般，60~74分 D. 与同学沟通困难，协同工作能力较差，0~59分		
专业能力	学习活动二 学习相关知识	A. 学习活动评价成绩为90~100分 B. 学习活动评价成绩为75~89分 C. 学习活动评价成绩为60~74分 D. 学习活动评价成绩为0~59分		
	学习活动三 制订工作计划	A. 学习活动评价成绩为90~100分 B. 学习活动评价成绩为75~89分 C. 学习活动评价成绩为60~74分 D. 学习活动评价成绩为0~59分		
创新能力		学习过程中提出具有创新性、可行性的建议	加分	
班级		姓名	综合评价等级	

复习思考题

1. 根据所要安装的电器及回路分支确定导线根数，并用导线本身颜色搭配以区分零线、相线、回路线。如果导线为同一色线该怎样搭配？

2. 穿线时尽可能将同一回路的导线穿入同一管内，不同回路或不同电压的导线不得穿入同一根线管内，这是为什么？

3. 一人慢拉引线钢丝，一人送导线进入穿线管，一人放线，直至将导线引出，并根据接线情况留足接线长度（开关、插座为5~8mm），如果是电源汇线还要稍长些。为什么要这样做？

子任务六　办公室荧光灯的安装与检修

学习目标：

1. 能阅读"办公室荧光灯的安装"工作任务单，明确工时、工艺要求，明确个人任务要求。
2. 能识别荧光灯电路各组成元件并组装，识读电路原理图、施工图。
3. 能根据施工图样，勘查施工现场，制订工作计划。
4. 能根据任务要求和施工图样，列举所需工具和材料清单，准备工具，领取材料。
5. 能按照作业规程应用必要的标志和隔离措施，准备现场工作环境。
6. 能按图样、工艺要求、安装规程要求，进行护套线布线施工。
7. 施工后，能按施工任务书的要求自检。
8. 按电工作业规程，作业完毕后能清点工具、人员，收集剩余材料，清理工程垃圾，拆除防护措施。
9. 能正确填写任务单的验收项目，并交付验收。
10. 能进行工作总结与评价。

学习活动一　明确工作任务

一、工作情景描述

学生处一办公室要求加装一盏荧光灯，总务科委派维修电工在1天内完成安装，维修电工接到派工单后，按要求完成荧光灯的安装。

二、工作任务单

安装工作任务单见表3-77。

表3-77　安装工作任务单

流水号：	类别：水□　电□　暖□　土建□　其他□		日期：20　年　月　日
安装地点	学生处办公室		
安装项目	当天完成办公室荧光灯的安装		
需求原因	办公室照明安装		
申报时间	20　年　月　日	完工时间	20　年　月　日
申报单位	学生处	安装单位	电工班
验收意见		验收人	
处室负责人签字：		安装处室负责人签字：	

◆ **引导问题**

1. 该项工作是哪个单位报修的?
2. 该项工作的具体内容是什么?
3. 该项工作怎样才算完成了?

学习活动二　学习相关知识

◆ **引导问题**

1. 对照原理图（见图3-74）中的电路符号写出各个部件的名称及部件的作用。

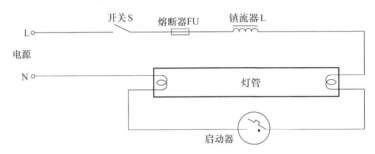

图3-74　荧光灯原理图

2. 在下面办公室平面图（见图3-75）中你认为合适的位置标出灯和开关。

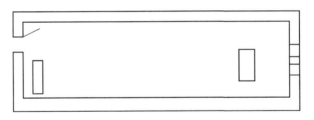

图3-75　办公室平面图

3. 荧光灯发光的原理是什么?

◆ **咨询资料**

1. 荧光灯的主要工作部件

（1）启动器　启动器如图3-76a所示。启动器在电路中起开关作用。荧光灯启动器有辉光式和热开关式两种，最常用的是辉光式。外面是一个铝壳（或塑料壳），里面有一个氖灯和一个纸质电容器，氖灯是一个充有氖气的小玻璃泡，里边有一个U形双金属片和一个静触片。双金属片由两种膨胀系数不同的金属组成，受热后，与静触片相碰冷却后恢复原形与静触片分开，从而引起镇流器电流突变并产生高压脉冲加到灯管两端。与氖灯并联的小电容的作用是减小荧光灯启动时对无线电接收机的干扰。

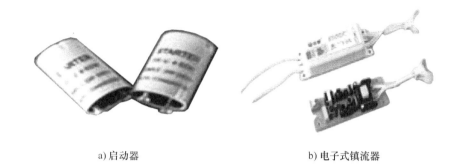

a) 启动器　　　　　　　　b) 电子式镇流器

图 3-76　启动器和电子式镇流器的实物外形

（2）镇流器　镇流器又叫限流器、扼流圈。电感镇流器是一个铁心电感线圈，电感的性质是当线圈中的电流发生变化时，则在线圈中将引起磁通的变化，从而产生感应电动势，其方向与电流的方向相反，因而阻碍着电流变化。图 3-76b 是电子式镇流器。其作用有两个：一是在荧光灯启动时产生一个很高的感应电压，使灯管点燃；二是灯管工作时限制通过灯管的电流使之不致过大而烧毁灯丝。

一般的镇流器只有两个接头，还有一种镇流器有 4 个接头，这种镇流器的工作原理与两个接头的基本上一样，只是增加了一组辅助线圈（称为副线圈），副线圈协助主线圈完成启动工作，使镇流器的性能进一步得到改善。这种镇流器的结构和接线如图 3-77 所示。其中，1 和 2 为主线圈，3 和 4 为副线圈，它们绕在同一个铁心上。由于镇流器是电感性负载，因而使得荧光灯电路的功率因数降低，不利于节约用电。为了提高功率因数，可在荧光灯的电源两端并联一只电容器，其容量按灯管的功率不同而选配，通常情况下，20W 的灯管配 2.5μF 的电容器，40W 的灯管配 4.75μF 的电容器，且电容器的耐压应大于 220V，最好用耐压 450V 的电容器。

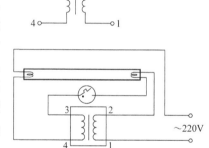

图 3-77　荧光灯的电路图

小知识：随着电子技术的发展，出现了不配镇流器和启动器的荧光灯，这种荧光灯使用方便、接线简单，但寿命比较短，且一旦出现故障，很难检修，为一次性产品。

（3）灯管　荧光灯灯管两端各有一灯丝，灯管内充有微量的氩和稀薄的汞蒸气，灯管内壁上涂有荧光粉，两个灯丝之间的气体导电时发出紫外线，使荧光粉发出柔和的可见光。

荧光灯灯管的工作特点：灯管开始点燃时需要一个高电压，正常发光时只允许通过不大的电流，这时灯管两端的电压低于电源电压。

2. 荧光灯的发光原理

当荧光灯接入电路以后，启动器两个电极间开始辉光放电，使双金属片受热膨胀而与静触片接触，于是电源、镇流器、灯丝和启动器构成一个闭合回路。电流使灯丝预热，当受热 1~3s 后，启动器的两个电极间的辉光放电熄灭，随之双金属片冷却而与静触片断开，当两个电极断开的瞬间，电路中的电流突然消失，于是镇流器产生一个高压脉冲，它与电源叠加后，加到灯管两端，使灯管内的惰性气体电离而引起弧光放电。在正常发光过程中，镇流器的自感还起稳定电流的作用。

3. 了解常用光源的特点

常用光源的优缺点及适用场所见表3-78。

表3-78 常用光源的优缺点及适用场所

光源名称	优　点	缺　点	适用场所
白炽灯	结构简单，使用方便，价格便宜	效率低，寿命较短	适用于照度要求较低、开关次数频繁的室内外照明
碘钨灯	效率高于白炽灯，光色好，寿命较长	灯座温度高，安装要求高，偏角不得大于4°，价钱贵	适用于照度要求较高，悬挂高度较高的室内外照明
荧光灯	效率高，寿命长，发光表面的温度低	功率因数低，需镇流器、启动器等附件；现有新品种，无上述缺点，但寿命较短	适用于照度要求较高、需辨别色彩的室内照明
高压水银灯（镇流器式）	寿命长，耐震动	功率因数低，需要镇流器、启动时间长	适用于悬挂高度较高、面积大的室内外照明
高压水银灯（自镇流式）	效率高，功率因数高，安装简单，光色好	寿命短，价钱贵	适用于悬挂高度较高的大面积室内外照明
氙灯	功率大，光色好，亮度大	价钱贵，需要镇流器和触发器	适用于广场、建筑工地、体育场馆照明

荧光灯是目前室内照明比较好的光源，接近日光源，自然、舒适。

4. 荧光灯使用注意事项

1）灯管两端的电极一定要和插座接触严密，防止灯管跳跃。

2）镇流器在使用中因为有电流流过要发热，所以散热必须良好。

3）尽量减少灯管的启动次数，因为启动次数越多，灯管内所涂物质的消耗就越多。

4）在使用中当灯管不发光或只是两头发光时，要检查启动器是否损坏或气温、电压是否过低。

5）如果灯管两端发黑，或者是光亮变弱，这可能是灯管已老化，或电源电压太低等原因造成的，要认真检查并排除故障。以免将灯管、镇流器、启动器弄坏，也防止触电造成意外。

5. 荧光灯安装注意事项

1）安装荧光灯时必须注意，各个零件的规格一定要匹配，电压等级一致，容量一致。规格不一致不能互相代用，灯管的功率和镇流器的功率相同，否则，灯管不能发光或致使灯管和镇流器损坏。如40W的灯管，必须配40W的镇流器、启动器等。

2）如果所用灯架是金属材料，应注意绝缘，以免短路或漏电，发生危险。

3）有电容器时，可将其并联在电源两端。

4）装灯管时要注意轻拿轻放，切忌用力过猛。

5）如果安装环境有振动，要配以相应的电容器，否则，灯管会跳跃、不稳定，同时也影响灯管的寿命。

6) 荧光灯的安装高度要合适，保持水平，不要倾斜。

7) 荧光灯最好安装在干燥的场所，阴暗、潮湿的场所不宜安装荧光灯。

6. 荧光灯电路典型安装错误

典型安装错误如下：

1) 将护套线代替安装软线。

2) 相线没进开关。

3) 由于接线错误，烧毁灯丝。

4) 灯座支架过于宽松，灯管跌落敲碎。灯座支架间距过于狭小，装管困难。

5) 灯座内螺钉松动，没及时更换，造成导线接触不良；灯座内导线裸露部分过长，线与线或线与弹簧之间发生短路。这两种现象都不易被发现，应及时纠正。

7. 荧光灯电路典型故障及判断

荧光灯电路不能正常工作的"典型故障"常见有三种。

(1) 电源"无电"　判断电源是否有电，最简便的方法是用测电笔判断相线和零线。但当交流电压低于180V时，荧光灯较难启动。

(2) 导体接触不良　导体与导体的连接有"点"接触、"线"接触和"面"接触三种方式，点接触是最不可靠的一种方式。由于灯脚与灯座之间多为"点"接触，是造成接触不良的最主要的原因之一。其次，灯座接线柱处的导线连接质量如果不佳，轻者日久松动，似通非通，将大大缩短灯管的使用寿命，重者灯管不亮。这种原因引起的故障现象一般在短时间内不易被发现。再次，启动器座内铜脚失去弹性，也是引起接触不良的重要原因之一。其直接后果是使启动器丧失功能。

判断接触是否良好，首先用肉眼观察，再次用手试拉导线连接处，最后使用万用表进行检测。

(3) 零部件质量问题。

1) 镇流器。镇流器内电感线圈若有局部短路，电感量将大为减少，如此时强行启动灯管，由于电流过大而将灯丝烧断，应立即将此镇流器清除，维修好。建议镇流器的冷态直流电阻如下：

镇流器规格（W）：6～8，15～20，30～40。

冷态直流电阻（Ω）：80～100，28～32，24～28。

2) 灯管。灯管灯丝通断的判断，除了用万用表直接检测外，也可用测电笔间接检测。具体方法是，安上灯管，取走启动器，确认电路无误后接通电源，用测电笔检测启动器座内近相线端的铜皮，氖泡亮则灯丝通，氖泡不亮则灯丝断。然后调换一下灯管两端，检测另一端灯管的灯丝。

小经验：判断灯丝通断时，可用手直接摇晃灯管，灯丝断单边时，单边灯丝有时会碰击管壁发出声音来，摇晃灯管的断丝端，仿佛有"弹簧"的感觉；若灯丝齐根断裂，颠倒灯管，能感觉出灯管内有异物。

学习活动三　制订工作计划

请阅读现场施工图，用自己的语言描述具体的工作内容，制订工作计划；列出所需要的工具和材料清单。

1. 请你根据实际情况制订工作计划，并填写表3-79。

表3-79　办公室荧光灯安装的工作计划

施工单位			完成的时间	
施工目的和要求	施工目的		施工工艺要求	
项目负责人			安全负责人	
质量验收负责人			工具与材料领取员	
技术人员 （负责安装人员）			实施的具体步骤	1. 2. 3. 4.

2. 请你列举所要用的工具和材料清单，并填写表3-80。

表3-80　材料清单

名称	规格	数量	备注

3. 你在领取材料时应以什么为依据进行核对？
4. 你所领取的材料和器件用何种仪表检验？如有质量问题，你应当怎样协调解决？
5. 请认真阅读工作情景描述及相关资料，用自己的语言填写维修工作联系单（见表3-81）。

表3-81　维修工作联系单

维修地点					
维修项目			保修周期		
维修原因					
报修部门	承办人		报修时间	20　年　月　日	
	联系电话				
维修单位	责任人		承接时间	20　年　月　日	
	联系电话				
维修人员			完工时间	20　年　月　日	
验收意见			验收人		
处室负责人签字			维修处室负责人签字		

(1) 填完工作任务单后你对此工作有信心吗?
(2) 看到此项目描述后,你想到应如何组织计划实施完成了吗?
(3) 你认为工程项目现场环境、管理应如何才能有序、保质保量地完成任务。
(4) 为了施工任务实施、学习方便、工作高效,在咨询教师前提下,你与班里同学协商,合理分成学习小组(组长自选、小组名自定,例如:清华组),并填写表3-82、表3-83。

表3-82 分组名单

小组名	组长	组员

表3-83 工序及工期安排

序号	工作内容	完成时间	备注

学习活动四 任 务 实 施

一、荧光灯的安装工艺要求

(1) 软导线的剥削和连接　参照导线剥削和连接相关内容和要求作压接法连接;灯架内导线留有20cm左右的裕量;软导线与镇流器引出线的连接牢固且接触良好,绝缘胶布包缠规范。

(2) 固定灯座支架　灯座支架面面相对,垂直安装;用木螺钉紧固后,钻出穿线孔;支架间距应适中,与灯管长度配套,裕量为3~5mm。

(3) 固定镇流器　镇流器居中安置在灯架内;紧贴木板,用木螺钉紧固。

(4) 固定启动器座　启动器座可以固定在灯架内或灯架外两侧,便于维修和安装启动器。

二、技术规范

1) 在灯具安装过程中,首先应检验各零部件和紧固件的质量,以减少无效劳动。

2) 吊式荧光灯灯具内一般不设电源开关,引出电源线时留心做好记号,以保证相线进开关。

3) 灯管至零线输出的电源零线最长,不必急于剪断,在实际施工过程中,估计好它的总长，可减少一个不必要的接头。

4）导线与灯座接线柱连接前，先"穿"线，再留导线裕量。

三、安全要求

在安装时，控制开关要在相线上，不能接反，否则，在熄灯后的一段时间内，荧光灯仍会发出微光，这种现象要特别注意。

四、荧光灯的安装

安装荧光灯，首先是对照电路图连接线路，组装、固定灯具，并与室内的主线接通。

注意：安装前应检查灯管、镇流器、启动器等有无损坏，是否互相配套。

安装步骤：

1）准备灯架。根据荧光灯灯管长度的要求，购置或制作与之配套的灯架。

2）组装灯架。将镇流器、启动器座、灯脚等，按电路图进行连线。接线完毕，要对照电路图详细检查，以免错接、漏接。

3）固定灯架。固定灯架的方式有吸顶式和悬吊式两种。安装前先在设计的固定点打孔预埋合适的紧固件，然后将灯架固定在紧固件上。最后把启动器旋入底座，把荧光灯灯管装入灯座，开关、熔断器等按白炽灯的安装方法进行接线。检查无误后，即可进行通电试用。

五、荧光灯的检修

1. 接通电源，灯管完全不发光

1）荧光灯供电线路开路或附件接触不良。参照白炽灯开路故障的检查与排除方法。

2）启动器损坏或与底座接触不良。维修或更换。

3）接线错误。对照线路图，仔细检查，若是接线错误，应更正。

4）灯丝断开或灯管漏气。观察通电瞬间现象，用万用表电阻档分别检测两端灯丝。

5）灯脚与灯座接触不良。除去灯脚与灯座接触面上的氧化物，再插入通电试用。

6）镇流器内部线圈开路，接头松动或灯管不配套。用在其他荧光灯路上正常工作而又与该灯管配套的镇流器代替。如灯管正常工作，则证明镇流器有问题，应更换。

7）电源电压太低或线路电压降太大。用万用表交流档检查荧光灯电源电压。

2. 灯管两头发红但不能启动

1）启动器中纸介质电容击穿或氖泡内动静片粘连。用万用表电阻档检查启动器两接线引脚。若表针偏转接近零值，应更换启动器。若系纸介质电容器击穿，可将其剪除，启动器仍可以在短期内使用。

2）电源电压太低或线路电压降太大。用万用表交流档检查荧光灯电源电压。

3）气温太低。给灯管加罩，不让冷风直吹灯管。

4）灯管陈旧。灯管两端发黑，应更换灯管。

3. 启动困难，灯管两端不断闪烁，中间不启动

1）启动器不配套。应调换与灯管配套的启动器。

2）电源电压太低。

3）环境温度太低。

4）镇流器与灯管不配套。应更换配套镇流器。

5）灯管陈旧。灯管变黑比较严重，说明灯管已经严重老化，应更换灯管。

4. 灯管发光后立即熄灭

1）接线错误，烧断灯丝。检查线路，改进接线，更换新灯管。

2）镇流器内部短路，使灯管两端电压太高，将灯丝烧断。用万用表相应电阻档检测直流电阻，如果电阻明显小于正常值，则有短路故障，应更换镇流器。

5. 灯管两头发黑或有黑斑

1）启动器内纸介质电容器击穿或氖泡动静触片粘连。这会使灯丝长时间通过较大电流，导致灯丝发射物质加速蒸发并附着于管壁，应更换启动器。

2）灯管内水银凝结。这种现象在启动后会自行蒸发消失。必要时将灯管旋转180°使用，可改善使用效果。

3）启动器性能不好或与底座接触不良。这会导致灯管长时间闪烁，加速灯丝发射物质蒸发，应更换启动器或修理启动器底座。

4）镇流器不配套。用万用表检查灯管工作电压是否正常，若不正常，可认为镇流器不配套，应更换镇流器再试。

5）线路电压过高，加速灯丝发射物质蒸发。用万用表检查线路电压，若过高则采用降压措施解决，如用交流稳压器等。

6）灯管使用时间过长，两头发黑。应更换新灯管。

6. 灯光闪烁

1）新灯管暂时现象，启动几次后即可消失。

2）启动器坏。

3）线路连接点接触不良，时通时断。

4）线路故障使灯丝有一端因线路断路不发光。将灯管从灯座取出，两端对调后重新插入灯座，若原来不发光的一端仍不发光，是灯丝断。

将故障排查记录在表3-84中。

表3-84 排查记录

序号	故障问题	故障现象	排查问题	得分

六、验收

◆ 引导问题

1. 验收内容有哪些？

2. 如何和客户、上级沟通，完成验收任务？

◆ **咨询资料**

1. 如何与人建立良好人际关系

沟通是人际关系中最重要的一部分,它是人与人之间传递情感、态度、事实、信念和想法的过程,所以良好的沟通指的就是一种双向的沟通过程,不是你一个人在发表演说,或者是让对方唱独角戏,而是用心去听对方在说什么,去了解对方在想什么,对方有什么感受,并且把自己的想法回馈给对方。沟通过程中可能因沟通者本身的特质或沟通的方式而造成曲解,因此传送信息者与接收者间必须通过不断的回馈,来确保双方接收及了解的信息一致。具备以下能力和态度,能帮助我们快速和他人建立良好的人际关系:深度自我认识及接纳;常持诚恳的态度;谦卑温柔的心;适度自我表达;尊重别人并欣赏自己;寻求有共同价值观的伙伴;排除人际障碍;遵守团体规则。

2. 如何维系良好人际关系,和谐相处

人际关系是以各尽职分为基础,让每个组成分子均能按其角色、职责、位置而有适当的思想、言语、行为模式及价值观,从而达到良好的组织气氛,进而提高组织效能。

增强与他人进行有效沟通的能力,是维系良好人际关系的首要条件:

1) 站在对方立场设想,将心比心,并且用温暖、尊重、了解的方式去沟通。

2) 了解沟通的障碍并且尽可能去突破。

3) 不要立即下结论,要站在对方的立场和观点去设想。

4) 当一位好听众,用心去听对方的想法与感受,了解其真实想法。要坦诚地告诉对方,自己听到了什么,有什么样的感受和想法。

5) 加强对自己的了解,知道自己会说出什么样的话,也是能与他人维系良好人际关系的技巧之一。

6) 要善于处理自己的情绪,不要让不好的情绪影响与他人的关系。

七、评价要点

1. 请根据荧光灯实际安装情况,用自己的语言描述具体的工作内容,并填写表3-85。

表3-85 评分表

评分项目	评价指标	标准分	评分
安全施工	是否做到了安全施工	10	
工具使用	使用是否正确	5	
接线工艺	接线是否符合工艺要求,布线是否合理	40	
自检	能否用数字万用表进行电路检测	10	
电路连接情况	能否试电成功,满足设计要求	20	
现场清理	能否清理现场	5	
团结协作	小组成员是否团结协作	10	

2. 教师点评

1）对各小组的讨论学习及展示点评。

2）对各小组施工过程与施工成果点评。

3）对各小组故障排查情况与排查过程点评。

学习活动五 综 合 评 价

评价表见表3-86。

表3-86 评价表

评价项目	评价内容	评价标准	评价主体	
			自评	互评
职业素养	安全意识 责任意识	A. 作风严谨，遵守纪律，出色完成任务，90~100分 B. 能够遵守规章制度，较好完成工作任务，75~89分 C. 遵守规章制度，没完成工作任务，60~74分 D. 不遵守规章制度，没完成工作任务，0~59分		
	学习态度	A. 积极参与学习活动，全勤，90~100分 B. 缺勤达到任务总学时的10%，75~89分 C. 缺勤达到任务总学时的20%，60~74分 D. 缺勤达到任务总学时的30%，0~59分		
	团队合作	A. 与同学协作融洽，团队合作意识强，90~100分 B. 与同学能沟通，协同工作能力较强，75~89分 C. 与同学能沟通，协同工作能力一般，60~74分 D. 与同学沟通困难，协同工作能力较差，0~59分		
专业能力	学习活动二 学习相关知识	A. 学习活动评价成绩为90~100分 B. 学习活动评价成绩为75~89分 C. 学习活动评价成绩为60~74分 D. 学习活动评价成绩为0~59分		
	学习活动三 制订工作计划	A. 学习活动评价成绩为90~100分 B. 学习活动评价成绩为75~89分 C. 学习活动评价成绩为60~74分 D. 学习活动评价成绩为0~59分		
创新能力		学习过程中提出具有创新性、可行性的建议	加分	
班级		姓名	综合评价等级	

复习思考题

1. 接通电源，荧光灯启动发光，然后将启动器取下，这时荧光灯是否仍然发光？这说明启动器只在什么时候才起作用，什么时候失去作用？

2. 两个相同功率的荧光灯与白炽灯的发光强度相同吗？

3. 你能试着画出两个荧光灯并联安装的电气原理图吗？

学习任务四

手 工 焊 接

学习目标：

1. 掌握手工焊接的流程。
2. 掌握手工焊接的基本要求。
3. 掌握焊接的常用工具、钎料、焊剂及其使用。
4. 掌握电烙铁的焊接方法和手工焊接操作的基本步骤与要求。
5. 掌握拆焊的基本要求与拆焊方法。

学习活动一 明确工作任务

一、工作情境描述

维修电工在电气设备安装或检修时都涉及手工焊接。无论导线连接还是器件组装都会遇到手工焊接，例如铜导线连接好后，有时需要用焊锡焊牢，使熔化的焊剂流满接头处的任何部位，以增加机械强度和良好的导电性能，并避免锈蚀和松动。那么在焊接时应选择哪些工具？如何使用电烙铁？需要使用哪种类型？因此，我们需要掌握手工焊接工具的选择、焊接和拆焊的基本方法。

二、引导问题

1. 手工焊接的作用是什么？
2. 手工拆焊在什么情况下应用？

三、咨询资料

1. 焊接原理及作用

通过加热的电烙铁将固态焊锡丝加热熔化，再借助于焊剂的作用，使其流入被焊金属之间，待冷却后形成牢固可靠的焊接点。

当钎料为锡铅合金、焊接面为铜时，钎料先对焊接表面产生润湿，伴随着润湿现象的发生，钎料逐渐向金属铜扩散，在钎料与金属铜的接触面形成附着层，使两侧牢固地结合起来。所以，焊锡是通过润湿、扩散和冶金结合这三个物理、化学过程来完成的。

2. 手工拆焊及应用

拆焊是指把元器件从原来已经焊接的安装位置上拆卸下来。

在调试、维修电子设备的工作中，经常需要更换一些元器件。更换元器件的前提是要把原先的元器件拆焊下来。如果拆焊的方法不当，则会破坏印制电路板，也会使换下来但并没失效的元器件无法重新使用。

学习活动二　学习相关知识

一、焊接的常用工具、钎料、焊剂及其使用

◆ 引导问题

1. 电烙铁的种类有哪些？
2. 外热式电烙铁烙铁头的材质及作用是什么？外热式电烙铁的温度与烙铁头的形状有什么关系？
3. 什么是内热式电烙铁？其内部组成及特点是什么？常用规格有哪些？
4. 恒温电烙铁的恒温原理是什么？
5. 什么是吸锡电烙铁？它有哪些特点与不足？
6. 钎料、焊剂的概念是什么？常用钎料由什么构成？其有什么特点？焊剂常用种类和作用是什么？常用清洗剂有哪些？
7. 使用电烙铁手工焊接时，应注意哪些问题？

◆ 咨询资料

1. 电烙铁的种类

不同种类的电烙铁如图4-1所示。

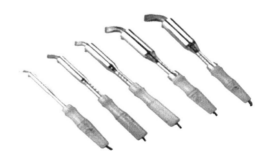

图4-1　不同种类的电烙铁

（1）外热式电烙铁　外热式电烙铁由烙铁头、烙铁芯、外壳、木柄、电源引线、插头等部分组成。由于烙铁头安装在烙铁芯里面，故称为外热式电烙铁。

烙铁芯是电烙铁的关键部件，它是将电热丝平行地绕制在一根空心瓷管上构成的，中间的云母片起绝缘作用，并引出两根导线与220V交流电源连接。

外热式电烙铁的规格很多，常用的有 25W、45W、75W、100W 等。功率越大，工作时烙铁头的温度也就越高。

烙铁头由纯铜材料制成，其作用是储存热量和传导热量，它的温度必须比被焊接的温度高很多。电烙铁的温度与烙铁头的体积、形状、长短等都有一定的关系。当烙铁头的体积比较大时，则保持时间就长些。另外，为适应不同焊接物的要求，烙铁头的形状有所不同，常见的有锥形、凿形、圆斜面形等。

（2）内热式电烙铁　内热式电烙铁由手柄、连接杆、弹簧夹、烙铁芯、烙铁头组成。由于烙铁芯安装在烙铁头里面，因而发热快，热利用率高，故称为内热式电烙铁。

内热式电烙铁的常用规格有 20W、50W 等几种。由于它的热效率高，20W 内热式电烙铁相当于 40W 左右的外热式电烙铁。

内热式电烙铁的后端是空心的，用于套接在连接杆上，并用弹簧夹固定。当需要更换烙铁头时，必须先将弹簧夹退出，同时用钳子夹住烙铁头的前端，慢慢拔出，切记不能用力过猛，以免损坏连接杆。

内热式电烙铁的烙铁芯是用比较细的镍铬电阻丝绕在瓷管上制成的，其电阻约为 2.5kΩ（20W），烙铁的温度一般可达 350℃。

由于内热式电烙铁有升温快、重量轻、耗电省、体积小、热效率高的特点，因而得到了广泛的应用。

（3）恒温电烙铁　由于恒温电烙铁头内装有磁铁式的温度控制器，可控制通电时间而实现温控，即给电烙铁通电时，烙铁的温度上升，当达到预定的温度时，因强磁体传感器达到了居里点而使磁性消失，从而使磁心触点断开，这时便停止向电烙铁供电；当温度低于强磁体传感器的居里点时，强磁体便恢复磁性，并吸动磁心开关中的永久磁铁，使控制开关的触点接通，继续向电烙铁供电。如此循环往复，便达到了控制温度的目的。

（4）吸锡电烙铁　吸锡电烙铁是将活塞式吸锡器与电烙铁融为一体的拆焊工具。它具有使用方便、灵活、适用范围广等特点。这种吸锡电烙铁的不足之处是每次只能对一个焊点进行拆焊。

2. 钎料、焊剂和焊接的辅助材料

（1）钎料　钎料是一种熔点低于被焊金属，在被焊金属不熔化的条件下，能润湿被焊金属表面，并在接触面处形成合金层的物质。

电子产品生产中，最常用的钎料称为锡铅合金钎料（又称焊锡），它具有熔点低、机械强度高、耐蚀性好的特点。锡铅合金钎料有多种形状和分类，其形状有粉末状、带状、球状、块状和管状等几种。

手工焊接中最常用的钎料是管状松香芯焊锡丝。这种焊锡丝将焊锡制成管状，其轴向芯内是优质松香添加一定的活化剂组成的物质。

注意：锡为有毒物质，不能与嘴直接接触。在焊接过程中不能随意甩锡，以免伤及他人或自己。

（2）焊剂（助焊剂）　焊剂是进行锡铅焊接的辅助材料。

焊剂的作用：去除被焊金属表面的氧化物，防止焊接时被焊金属和钎料再次出现氧化，并降低钎料表面的张力，有助于焊接。

常用的焊剂有无机焊剂、有机焊剂、松香类焊剂（常用于电子产品焊接）。

（3）清洗剂　在完成焊接操作后，要对焊点进行清洗，避免焊点周围的杂质腐蚀焊点。常用的清洗剂有无水乙醇（无水酒精）、航空洗涤汽油、三氯三氟乙烷。

3. 万用板的选用与焊接

万用板是一种按照标准IC间距（2.54mm）布满焊盘，可按自己的意愿插装元器件及连线的印制电路板，俗称"洞洞板"。相比专业的PCB板，万用板具有以下优势：使用门槛低，成本低廉，使用方便，扩展灵活。

（1）万用板的选择　常见的万用板主要有两种，一种是焊盘各自独立（见图4-2a，以下简称为单孔板），另一种是多个焊盘连在一起（见图4-2b，以下简称为连孔板）。单孔板又分为单面板和双面板两种。根据所用材质的不同，万用板又分为铜板和锡板。铜板的焊盘是裸露的铜，呈现金黄色，平时应该用报纸包好保存以防止焊盘氧化。如果焊盘氧化（焊盘失去光泽、不好上锡），可以用棉棒蘸酒精清洗或用橡皮擦拭。锡板是在焊盘表面镀了一层锡，焊盘呈现银白色，锡板的基板材质要比铜板坚硬，不易变形。它们的价格也有区别，以$100cm^2$（$10cm \times 10cm$）的单面板为例：铜板价格为3~4元，锡板为7~8元，一般每平方厘米不超过8分钱。

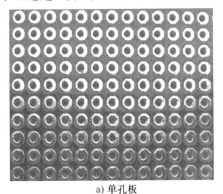 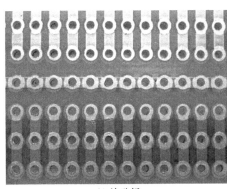

a) 单孔板　　　　　　　　　　　　　　b) 连孔板

图4-2　万用板

（2）万用板的焊接方法　万用板焊接时，一般利用细导线进行飞线连接，尽量做到水平和竖直走线，整洁清晰。还有一种方法叫锡接走线法，如图4-3所示，这种焊接法性能稳定，但比较浪费锡。纯粹的锡接走线难度较高，受到锡丝、个人焊接工艺等各方面的影响。如果先拉一根细铜丝，再随着细铜丝进行拖焊，则简单许多。

（3）万用板的焊接技巧

1）初步确定电源、地线的布局。电源贯穿电路始终，合理的电源布局对简化电路起到十分关键的作用。有些万用板有贯穿整块电路板的铜箔，应将其用作电源线和地线；如果无此类铜箔，需要先对电源线、地线的布局进行规划。

小提示：对于元器件在万用板上的布局，大多数人习惯"顺藤摸瓜"，就是以芯片等关键器件为中心，其他元器件见缝插针的布局方法。这种方法是边焊接边规划，无序中体现着有序，效率较高。但由于初学者缺乏经验，不太适合用这种方法，初学者可以先在纸上做好初步的布局，然后用铅笔画到万用板正面（元器件面），继而将走线规划出来，方便自己焊接。

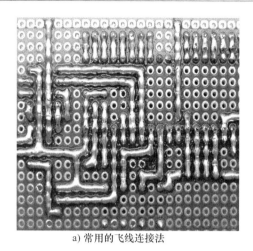 

a) 常用的飞线连接法　　　　　　　　　　b) 锡接走线法

图 4-3　走线与飞线方法

2）善于利用元器件的引脚。万用板的焊接需要大量跨接、跳线等，不要急于剪断元器件多余的引脚，有时候直接跨接到周围待连接的元器件引脚上会事半功倍。另外，本着节约材料的目的，可以把剪断的元器件引脚收集起来作为跳线用材料。

3）善于设置跳线。特别要强调这一点，多设置跳线不仅可以简化连线，而且要美观得多。

4）善于利用元器件自身的结构。

5）善于利用排针。

6）在需要的时候割断铜箔。在使用连孔板时，必要时可割断某处的铜箔，这样可以在有限的空间放置更多的元器件。

4. 手工焊接时的注意事项

1）手工焊接时，电压为 220V，不是 36V 以下的安全电压，应该注意安全保护，不能有违规操作行为，如插、拔电烙铁姿势要正确，手不能接触到插头。

2）使用前必须检查两股电源线和保护接地线的接头是否正确，如不正确会造成元器件损伤，严重时还会导致操作人员触电。

3）新电烙铁初次使用时，应先对烙铁头搪锡。其方法是将烙铁头加热到适当温度后，用砂布（纸）擦去或用锉刀锉去氧化层，蘸上松香，然后浸在焊锡中来回摩擦。

4）电烙铁使用一段时间后，应取下烙铁头，去掉烙铁头与传热筒接触部分的氧化层，再装回，避免以后取不下烙铁头。

5）电烙铁发热器的电阻丝由于多次发热，易碎易断，应轻拿轻放，不可敲击。

6）焊接时，宜用松香或中性焊剂，因为酸性焊剂易腐蚀元器件、印制电路板、烙铁头及发热器。

7）烙铁头应经常保持清洁。使用中若发现烙铁头工作表面有氧化层或污物，应用石棉毡等织物擦去，否则会影响焊接质量。烙铁头工作一段时间后，还会出现因氧化不能上锡的现象，应用锉刀或刮刀去掉烙铁头工作面上黑灰色的氧化层，重新搪锡。烙铁头使用过久，还会出现腐蚀凹坑，影响正常焊接，应用锤子、锉刀对其整形，再重新搪锡。

8）电烙铁工作时要放在特制的烙铁架上，烙铁架一般应置于工作台右上方，烙铁头部不能超出工作台,以免烫伤工作人员或其他物品。

5. 电烙铁的拆装

下面以 20W 内热式电烙铁为例进行说明：拆卸时,首先拧松手柄上顶紧导线的螺钉,旋下手柄,然后从接线桩上取下电源线和烙铁芯引线,取出烙铁芯,最后拔下烙铁头。安装顺序与拆卸刚好相反,注意在旋紧手柄时,勿使电源线随手柄扭动,以免将电源接头部位绞坏,造成短路。

二、手工焊接的技术要求

◆ **引导问题**

1. 手工焊接的主要流程有哪几个步骤？都是什么？
2. 手工焊接对焊点的基本要求是什么？
3. 什么是虚焊？虚焊产生的原因？
4. 焊接要具备的条件是什么？

◆ **咨询资料**

1. 手工焊接的流程（见图 4-4）

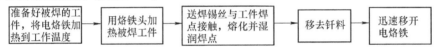

图 4-4 手工焊接的流程

2. 手工焊接对焊点的基本要求

1）焊点应接触良好，保证被焊件间能稳定地通过电流。

2）应避免虚焊。虚焊是未形成或部分形成合金的钎料堆附的锡焊。产生虚焊的原因有被焊部件表面不清洁，焊接时夹持工具动摇，烙铁头温度过高或过低，焊剂不符合要求，焊点的钎料太多或太少。

3）焊点要有足够的机械强度。

4）焊点要美观。焊点要呈现光滑状态，不应有棱角或拉尖的现象，产生拉尖的原因与焊接温度，烙铁拆去的方向、速度及焊剂有关。

3. 焊接要具备的条件

1）被焊件必须具备焊接性。
2）被焊件表面应清洁。
3）使用合适的焊剂。
4）具有合适的焊接温度。
5）在焊接温度确定后，应根据湿润状态来决定焊接时间的长短。

三、手工焊接的基本操作要求与步骤

◆ **引导问题**

1. 手工焊接的基本要求有哪些？

2. 焊接操作者握电烙铁的方法有哪些？适用于哪些情况？
3. 手工焊接操作的基本步骤是哪些？都是什么？
4. 导线与元器件上锡的方法是什么？

◆ **咨询资料**

1. 手工焊接的基本要求
1）掌握正确的焊接姿势。
2）掌握电烙铁的握法。
3）熟练掌握焊接的基本操作步骤。
4）掌握手工焊接对焊点的要求。
5）掌握导线与元器件上锡的方法。
6）在焊接过程中，只能焊接要求焊接的元器件，不能伤及周围其他元器件。
7）焊接时间不能太长，否则会烫坏元器件及印制电路板。
2. 手工焊接的基本操作
（1）正确的焊接姿势　一般采用坐姿焊接，工作台和座椅的高度要合适。
（2）电烙铁握法（见图4-5）

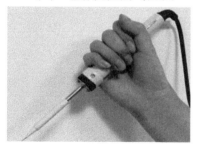　　　　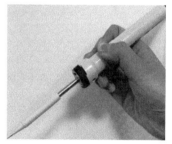

a）反握法　　　　　　　　b）正握法　　　　　　　　c）笔握法

图4-5　电烙铁握法

1）反握法：适用于较大功率的电烙铁（>75W）对大焊点的焊接操作。

2）正握法：适用于中功率的电烙铁及带弯头的电烙铁的操作，或直烙铁头在大型机架上的焊接。

3）笔握法：适用于小功率的电烙铁焊接印制电路板上的元器件。

（3）手工焊接操作的基本步骤　焊接操作过程分为五个步骤（也称为五步法），如图4-6所示，一般要求在2～3s的时间内完成。

1）准备。首先是准备好被焊工件并使电烙铁达到工作程度，电烙铁应保持干净，一手握好电烙铁，一手抓好钎料（通常是焊锡丝）。

一般采用直径为1.2～1.5mm的焊锡丝。焊接时左手拿焊锡丝，右手拿电烙铁。在烙铁接触焊点的同时送上焊锡，焊锡的量要适量，太多易引起搭焊短路，太少元器件又不牢固。

2）加热。使烙铁头接触被焊工件，包括工件端子和焊盘在内的整个焊件，都要均匀受热。

3）加钎料。当工件被焊部位升温到焊接温度时，送上焊锡丝，并与工件焊点部位接触，熔化并润湿焊点。焊锡应从电烙铁对面接触焊件。送锡要适量，一般以有均匀薄薄的一层焊锡、能全面润湿整个焊点为佳。

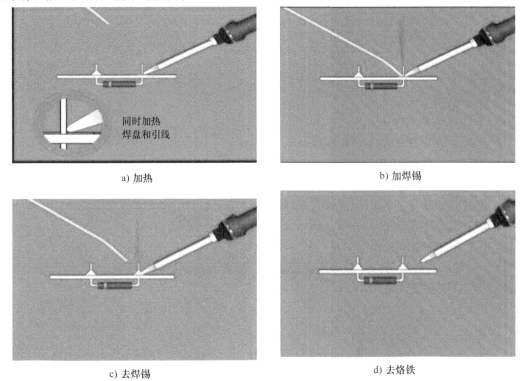

图 4-6　焊接的操作步骤

注意：烙铁温度和焊接时间要适当：烙铁温度过低，烙铁与焊接点接触时间太短，热量供应不足，焊点锡面不光滑，结晶粗脆，像豆腐渣一样，就会不牢固，易形成虚焊和假焊；反之，若时间过长（一般不超过 3s），温度过高，焊锡易流散，使焊点锡量不足，也容易不牢，还可能烫坏电子元器件及印制电路板。

4）移开钎料。熔入适量钎料（这时被焊件已充分吸收并形成一层薄薄的钎料层）后，迅速移去焊锡丝。

5）移开烙铁。移去钎料后，在焊剂还未挥发完之前，迅速移去电烙铁。撤掉电烙铁时，应往回收，动作要迅速；收电烙铁的同时应轻轻旋转一下，这样可以吸除多余的钎料。

注意：对万能板上的电子元器件进行焊接时，一般选择 20～35W 的电烙铁；每个焊点一次焊接的时间应不大于 3s。在焊点较小的情况下，也可采用三步法完成焊接，即将五步法中的 2、3 步合为一步，4、5 步合为一步。

（4）导线与元器件上锡的方法　先用小刀或细砂纸清除导线、元器件引脚表面的金属氧化物，元器件根部留一段不刮，对于多股线，应先分别刮净，再将多股拧成绳状，然后上锡。上锡过程：使电烙铁通电并用电烙铁接触松香，当发出滋滋的声音并冒白烟时，说明温度适中。然后将刮好的焊件放在松香上，用烙铁轻压引线，边反复摩擦，边转动引线，直到引线各部分均匀地涂上一层锡。

四、造成焊接质量不高的常见原因

1）焊锡用量过多，形成焊点的锡堆积；焊锡过少，不足以包裹焊点。

2）冷焊。焊接时烙铁温度过低或加热时间不足，焊锡未完全熔化、浸润，焊锡表面不光滑，有细小裂纹。

3）夹松香焊接。焊锡与元器件或印制电路板之间夹杂着一层松香，造成电路连接不良。若夹杂加热不足的松香，则焊点下有一层黄褐色松香膜；若加热温度太高，则焊点下有一层炭化松香的黑色膜。当有加热不足的松香膜时，可以用烙铁进行补焊。对于已形成黑膜的，则要"吃"净焊锡，清洁被焊元器件或印制电路板表面，重新进行焊接。

4）焊锡连桥。焊锡量过多，会造成元器件的焊点之间短路。在对超小元器件及细小印制电路板进行焊接时要尤为注意。

5）焊剂过量，焊点周围松香残渣很多。当有少量松香残留时，可以用电烙铁再轻轻加热一下，让松香挥发掉，也可以用蘸有无水酒精的棉球，擦去多余的松香。

6）焊点表面的焊锡形成尖锐的突尖。这多是由加热温度不足或焊剂过少，以及烙铁离开焊点时角度不当造成的。

五、元器件的拆焊

◆ **引导问题**

1. 拆焊原则是什么？
2. 拆焊要点有哪些？
3. 拆焊方法有哪些？都是什么？

◆ **咨询资料**

1. 拆焊原则

1）不损坏拆除的元器件、导线、原焊接部位的结构件。

2）拆焊时不可损坏印制电路板上的焊盘与印制导线。

3）对已判断为损坏的元器件，可先行将引线剪断，再进行拆除，这样可减小造成其他损伤的可能性。

4）在拆焊过程中，应该尽量避免拆除其他元器件或变动其他元器件的位置。若确实需要，则要做好复原工作。

2. 拆焊要点

（1）严格控制加热的温度和时间　拆焊的加热时间和温度较焊接时间要长、要高，所以要严格控制温度和加热时间，以免将元器件烫坏或使焊盘翘起、断裂。宜采用间隔加热法来进行拆焊。

（2）拆焊时不要用力过猛　在高温状态下，元器件封装的强度都会下降，尤其是塑封器件、陶瓷器件、玻璃端子等，过分用力拉、摇、扭都会损坏元器件和焊盘。

（3）吸去拆焊点上的钎料　拆焊前，用吸锡工具吸去钎料，有时可以直接将元器件拔下。即使还有少量锡连接，也可以减少拆焊的时间，减小元器件及印制电路板损坏的可能性。如果没有吸锡工具，则可以将印制电路板或能够移动的部件倒过来，用电烙铁加热拆焊点，利用重力原理，让焊锡自动流向烙铁头，也能达到部分去锡的目的。

3. 拆焊方法

通常，电阻、电容、晶体管等的引脚不多，且每个引线可相对活动，可用烙铁直接解焊。拆焊时把印制电路板竖起来夹住，一边用烙铁加热待拆元器件的焊点，一边用镊子或尖嘴钳夹住元器件引线轻轻拉出。

当拆焊多个引脚的集成电路或多引脚元器件时，一般有以下几种方法。

（1）选择合适的医用空心针头拆焊　将医用针头用铜锉锉平，可作为拆焊的工具。具体方法是：一边用电烙铁熔化焊点，一边把针头套在被焊元器件的引线上，直至焊点熔化后，将针头迅速插入印制电路板的孔内，使元器件的引线脚与印制电路板的焊盘分开。

（2）用吸锡材料拆焊　将吸锡材料加松香焊剂，用烙铁加热进行拆焊。可用做吸锡材料的有屏蔽线编织网、细铜网或多股铜导线等。

（3）采用吸锡烙铁或吸锡器进行拆焊　吸锡烙铁既可以拆下待换的元器件，又可同时不使焊孔堵塞，而且不受元器件种类限制。但它必须逐个焊点除锡，效率不高，而且必须及时排出吸入的焊锡。

（4）采用专用拆焊工具进行拆焊　专用拆焊工具能一次完成多引线、多引脚元器件的拆焊，而且不易损坏印制电路板及其周围的元器件。

（5）用热风枪或红外线焊枪进行拆焊　热风枪或红外线焊枪可同时对所有焊点进行加热，待焊点熔化后取出元器件。对于表面安装的元器件，用热风枪或红外线焊枪进行拆焊效果最好。用此方法拆焊的优点是拆焊速度快，操作方便，不易损伤元器件和印制电路板上的铜箔。

学习活动三　制订工作计划

用自己的语言描述具体的工作内容，制订工作计划；列出所需要的工具和材料清单等。

1. 请你列举所需要的工具和材料清单，并填写表4-1。

表4-1　材料清单

名称	规格	数量	备注

2. 你在领取材料时应以什么为依据进行核对？

3. 你所领取的材料和元器件用何种仪表检验？如有质量问题，你应当怎样协调解决？

4. 合理分成学习小组（组长自选、小组名自定，例如：清华组），并填写表 4-2 和表 4-3。

表 4-2　小组名单与分工

小组名	组长	组员及分工

表 4-3　工序及工期安排

序号	工作内容	完成时间	备注

学习活动四　任 务 实 施

一、工具及材料准备

电烙铁、焊锡丝、松香、烙铁架、尖嘴钳、板锉、万用板、镀铜线、多芯铜软线、色环电阻。

二、工艺要求

1. 工具摆放正确且整齐（烙铁架放在工作台右上方，烙铁不用时必须放在烙铁架上）。
2. 导线与万用板焊接时，要布线工整，横平竖直。
3. 焊接导线时，每个焊接孔对应一根线，不能将旁边的其他孔连带焊上。
4. 焊接元器件时，应避免出现钎料的拉尖、虚焊、假焊、堆焊、空洞、浮焊或是铜箔翘起导致焊盘脱落等现象。
5. 焊点要有足够的机械强度，必须焊牢固，焊点要美观，焊点要光滑。

三、评价要点

1. 展示

学生分组动手完成练习电烙铁焊接后，要先在组内评选出焊接工艺比较好的成果在全班进行展示，并填写表 4-4。

表 4-4　展示表格

展示学生姓名	焊接工艺情况	还需改进的地方

2. 教师点评

1）找出各组的优点并进行点评。

2）找出整个任务完成过程中各组的缺点并进行点评，提出改进方法。

3）找出整个活动完成中出现的亮点和不足。

学习活动五　综 合 评 价

评价表见表4-5。

表4-5　评价表

评价项目	评价内容	评 价 标 准	评价主体	
			自评	互评
职业素养	安全意识 责任意识	A. 作风严谨，遵守纪律，出色完成任务，90~100分 B. 能够遵守规章制度，较好地完成工作任务，75~89分 C. 遵守规章制度，没完成工作任务，60~74分 D. 不遵守规章制度，没完成工作任务，0~59分		
	学习态度	A. 积极参与学习活动，全勤，90~100分 B. 缺勤达到任务总学时的10%，75~89分 C. 缺勤达到任务总学时的20%，60~74分 D. 缺勤达到任务总学时的30%，0~59分		
	团队合作	A. 与同学协作融洽，团队合作意识强，90~100分 B. 与同学能沟通，协同工作能力较强，75~89分 C. 与同学能沟通，协同工作能力一般，60~74分 D. 与同学沟通困难，协同工作能力较差，0~59分		
专业能力	学习活动二 学习相关知识	A. 学习活动评价成绩为90~100分 B. 学习活动评价成绩为75~89分 C. 学习活动评价成绩为60~74分 D. 学习活动评价成绩为0~59分		
	学习活动三 制订工作计划	A. 学习活动评价成绩为90~100分 B. 学习活动评价成绩为75~89分 C. 学习活动评价成绩为60~74分 D. 学习活动评价成绩为0~59分		
创新能力		学习过程中提出具有创新性、可行性的建议	加分	
班级		姓名	综合评价等级	

复习思考题

1. 影响焊点质量的因素有哪些？
2. 在焊接时，如何操作才能避免出现焊点拉尖的现象？
3. 在使用烙铁时，若出现烙铁头凹陷、吃锡的现象，应该如何解决？
4. 拆焊时应该注意哪些事项？

学习任务五

世赛实验台导线、气管及光纤敷设

学习目标：

1. 能阅读"组装、安装"工作任务单，明确工艺要求，明确个人任务要求。
2. 能识别光纤、导线、气管等电工材料。
3. 能正确列举所需工具和材料清单，准备工具，领取材料。
4. 能按照作业规程应用必要的标识和隔离措施，准备现场工作环境。
5. 能按图样、工艺要求、安装规程要求，进行施工。
6. 能按电工作业规程操作，作业完毕后能清点工具、人员，收集剩余材料，清理工程垃圾，拆除防护措施。
7. 能正确交付验收。
8. 能进行工作总结与评价。

学习活动一 明确工作任务

一、工作情境描述

根据比赛要求，安装流水线试验台。订单要求在试验台上有气泵、阀岛和端子排，并在操作台上根据实际要求固定导线与气管，工时要求为5h。公司将此订单委派电工班完成，电工班接受此任务，要求在规定期限内完成安装，并交付有关人员验收。

二、工作任务单（见表5-1）

表5-1 工作任务单

流水号： 20 - -
类别：水□ 电□ 暖□ 土建□ 其他□　　　　　　　　日期：　年　月　日

安装地点			
安装项目		世赛实验台安装	
需求原因		比赛需要	
申报时间	20 年 月 日	完工时间	20 年 月 日
申报单位		安装单位	电工班
验收意见		安装单位电话	
验收人		承办人	
申报人电话		承办人电话	
项目负责人	王五	负责人电话	

三、请用自己的语言描述具体的工作内容

1. 该项工作在什么地点进行,需要多长时间完成?
2. 该项工作具体内容是什么,工作完成后交给谁验收?
3. 该项工作怎样才算完成了?

学习活动二　学习相关知识

一、整体组装

◆ **引导问题**

1. 完成该项任务需要哪些材料?
2. 阀岛气管如何固定?
3. 导线如何固定?
4. 导线与气管及光纤如何固定?

请识读成品图 5-1,完成以上问题。

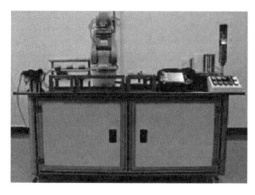

图 5-1　成品图

◆ **咨询资料**

1. 尼龙扎带

尼龙扎带在各个行业中应用十分广泛,在使用的时候用户请特别注意其特殊的防火性能以及耐温情况,很多扎带在使用过程中发生断裂现象,绝大部分是因为使用环境不当造成,所以在扎带的选购上要特别注意使用的环境。尼龙扎带按照类型和用途有以下几种分类:

1) 耐高温尼龙扎带(束线带、扎线带)。
2) 插销式尼龙扎带。
3) PET 无芯尼龙扎带。
4) PET 环保铁芯扎带。

5)线夹。

6)V0 级阻燃扎带。

7)抗高冲击耐寒扎带。

8)固定头式尼龙扎带。

扎带切割不能留余太长,必须小于等于 1mm 且没有割手飞边。除了连接 PLC 的电缆,两个扎带之间的距离不超过 50mm。第一根扎带与阀岛气管接头连接处距离为 60mm±5mm。

2. 粘块

材质:UL 认证合格的 NYLON66(本色),防火等级 UL94 V2,底座背胶。

用法:使用时将底面胶带离型纸撕去,再将固定座贴于铁板之上,然后以扎线带穿于孔中,即可使用,可省去面板钻孔的麻烦。

适用的扎线带:宽度小于带孔(T)的扎带。

粘块外形及型号见表 5-2。

表 5-2 粘块外形及型号

外形	型号	外形	型号
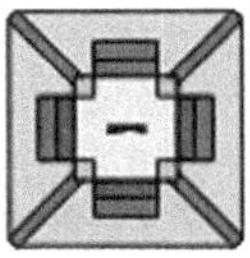	HC-100		HC-25
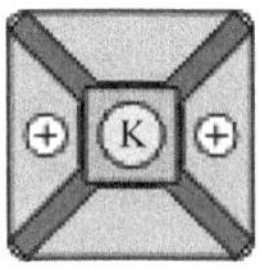	HC-101S		HC-19R,26R
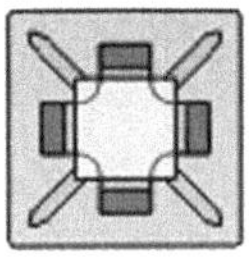	HC-101		HC-18T
	HC-102	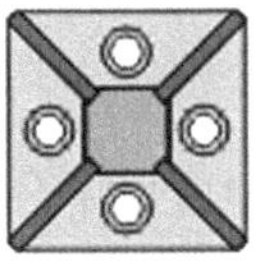	HC-3838
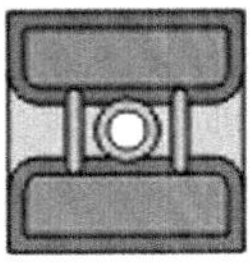	HC-103	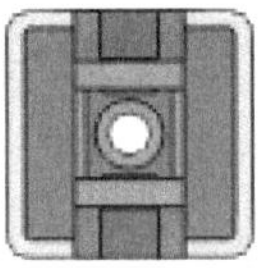	HC-26T

3. 缠绕管

缠绕管是一种替代传统胶管保护用金属护簧的新产品。缠绕管一般采用尼龙材质或聚丙烯材质制成。缠绕管与传统的金属护簧产品相比具有耐磨性能好，抗老化、抗腐蚀性能强，使用便捷且环保节能效果更好的优点。缠绕管内表面一般为平面，外表面分为平面和弧面两种。

缠绕管主要应用于各种工程机械和矿山液压设备及有耐磨要求的电线、电缆保护。因其可以完全覆盖被保护产品，形成有效抗磨损和抗紫外线的保护面而在很多杆状物体得到应用。

缠绕管的安装分为机器安装和手工安装。机器安装需要类似于胶管水布缠绕机式样的设备。手工安装如图 5-2 所示。

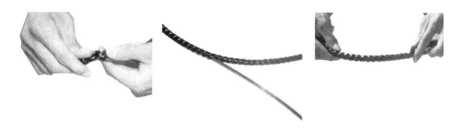

图 5-2　手工安装缠绕管

1）将胶管（电线、电缆）的中间部位绕转于缠绕管的中间部位，从缠绕好的中间部位开始向胶管（电线、电缆）的一端绕转。

2）以胶管（电线、电缆）一端绕完缠绕管定位在胶管（电线、电缆）接头处为准。定位后将螺旋保护套反转松开，即可随意移动，从缠绕好的中间部位开始向另一端绕转。

3）将缠绕管的两头全部缠绕在胶管（电线、电缆）的外部，安装完成。

注：多根电线、电缆可分支进行安装使用。

二、快速连接器（直通）

◆ 引导问题

1. 什么是快速连接器，有什么作用？
2. 快速连接器由什么组成？
3. 快速连接器如何使用？

◆ 咨询资料

1. 快速连接器

快速连接器，俗称活接头，一般称为光纤连接器，是将两根光纤或光缆接成连续光通路的可以重复使用的无源器件，如图 5-3 所示，已经广泛应用在光纤传输线路、光纤配线架和光纤测试仪器、仪表中。

2. 分类和结构要求

1）用于 FTTX 光缆网络的光纤连接器为 SC 型，可以和标准的 SC 适配器匹配。

2）按照插针体端面形式划分，可分为 PC（含 UPC）和 APC 两种类型。

3）按照安装场合划分，光纤连接器可分为如下两种类型：

① 插头型：用机械方式在光纤或光缆的护套上直接组装的连接器插头。

② 插座型：由一个光纤连接器插头和一个适配器组成的连接器插座。二者可以为分离式结构，也可以为一体化结构。

图 5-3 快速连接器

4）光纤连接器应预埋单模光纤，连接器的端头应在工厂预先抛光，无须在施工现场研磨和胶合。PC 型连接器的端头应在工厂抛光为 PC 或 UPC 球面，APC 型连接器的端头应在工厂抛光为 APC 斜面，以保证连接器的端面质量和良好的反射性能。

5）光纤连接器应适合于对 250μm 预涂覆光纤的端接，也可与 900μm 紧套光纤匹配。

6）光纤连接器应适合于在尺寸为 2.0mm×3.0mm 的蝶形引入光缆的外护套上直接组装。

7）光纤连接器应免用或少用专用工具，必要情况下可自带压接工具，施工时只需配备光纤剥线器和光纤切割刀等普通工具，不需要使用其他有功耗或结构复杂的工具。

光纤连接器的结构如图 5-4 所示。

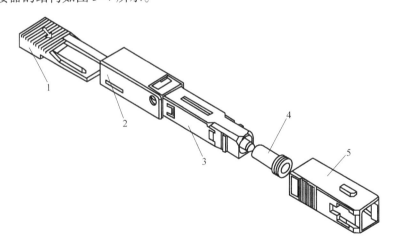

图 5-4 光纤连接器结构
1—后盖开启工具 2—光纤连接器后盖 3—光纤连接器本体 4—插针保护帽 5—光纤连接器保护外套

3. 安装说明

（1）光纤开剥　使用皮线光纤开剥钳，将皮线光纤开剥约 60mm 长度；使用米勒钳，将 0.25mm 的被覆层剥掉，留 24mm 左右；用无水酒精擦拭干净；用光纤切割刀切割光纤，保留长度约48mm，如图5-5所示。

（2）光纤定位及固定

1）将插针保护帽边旋边压紧，打开光纤连接器的后盖，如图5-6所示。

图5-5 光纤开剥　　　　　　　　　图5-6 打开光纤连接器的后盖

2）使用后盖开启工具，按图5-7所示方向，扣入并前推。

3）将开剥好的光纤插入中间的导向孔，如图5-8所示。

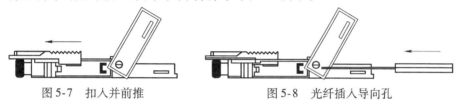

图5-7 扣入并前推　　　　　　　　图5-8 光纤插入导向孔

4）当光纤外护套抵到固定齿时，将光纤翘起30°~45°，如图5-9所示。

5）继续推进光纤，直至纤芯碰到插芯保护帽为止，如图5-10所示。

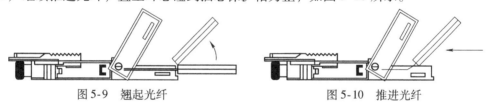

图5-9 翘起光纤　　　　　　　　　图5-10 推进光纤

6）将光纤外护套压入齿形槽内，并保证光纤有少量的微弯曲，如图5-11所示。

7）合上后盖，保证后盖两侧可靠锁住，如图5-12所示。

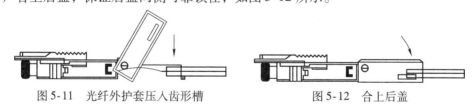

图5-11 光纤外护套压入齿形槽　　　图5-12 合上后盖

8）拔出后盖开启工具，边旋边退出插针保护帽，如图5-13所示。

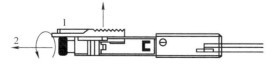

图5-13 退出插针保护帽

（3）装配保护外套　装配完成后如图5-14所示。

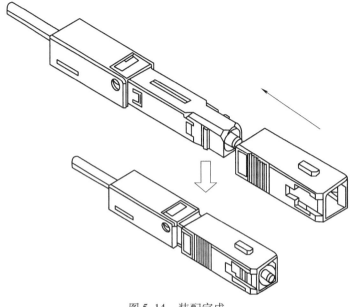

图 5-14 装配完成

4. 重复安装

1）卸掉光纤连接器保护外套。

2）使用后盖开启工具，将光纤连接器后盖打开，如图 5-15 所示。

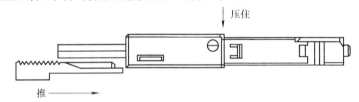

图 5-15 开启光纤连接器后盖

3）将开启工具嵌入光纤连接器本体内，开启光纤的定位和固定装置，如图 5-16 所示。

4）拔出原有光缆，插入新的光缆，重复上述光纤定位及固定步骤，即可完成。

三、冷压端子

◆ **引导问题**

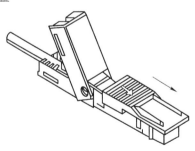

图 5-16 开启工具嵌入光纤连接器

1. 冷压端子可以分为几类？
2. 冷压端子压接要求是什么？
3. 冷压端子使用注意事项是什么？

◆ **咨询资料**

1. 冷压端子分类

冷压端子分类见表 5-3。

表 5-3 冷压端子

序号	冷压端子名称	冷压端子型号	压接使用规范	剥线要求	压接要求
1	叉形裸端子	UT1-3	1）剥线要求见右图 2）压线时裸端子压痕在端子管部的焊接缝上，保证压接牢固 3）使用时，需增加号码管，保证号码管遮住裸露的导线	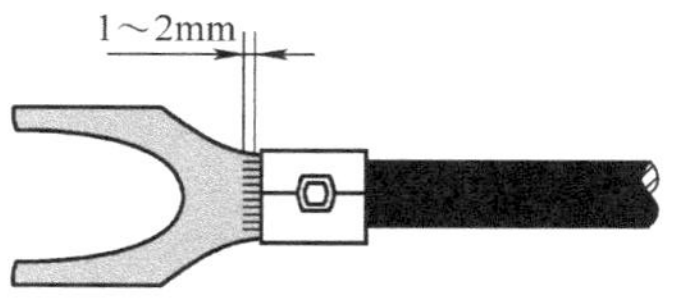	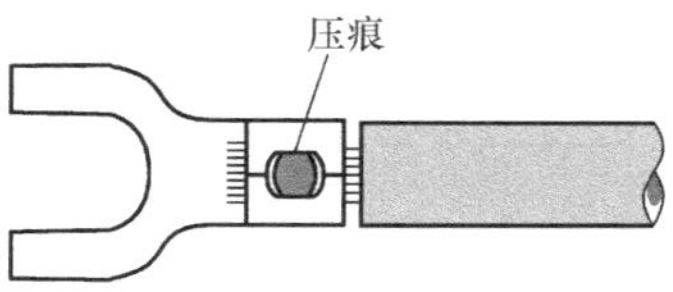
2		UT1-4			
3		UT4-5			
4		SNB2-4S			
5	叉形绝缘端子	FDD2-250 蓝 FDD2-250 红	1）剥线要求见右图 2）绝缘端子压痕应在筒中央的两边均匀压接，一端使绝缘管与导线压接，另一端使绝缘管与导线绝缘层相吻合	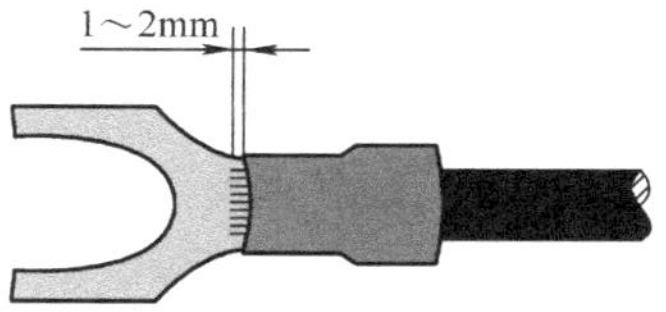	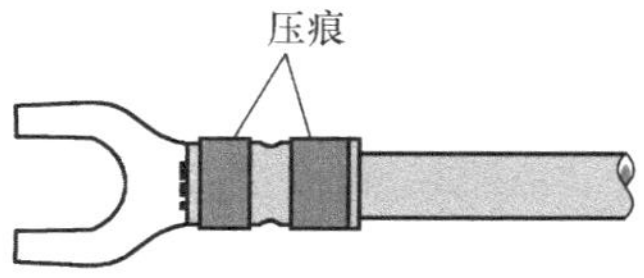
6	母形绝缘端子		1）剥线要求见右图 2）绝缘端子与号码导线压接，一端使绝缘管与导线压接，另一端使绝缘管与导线绝缘层相吻合	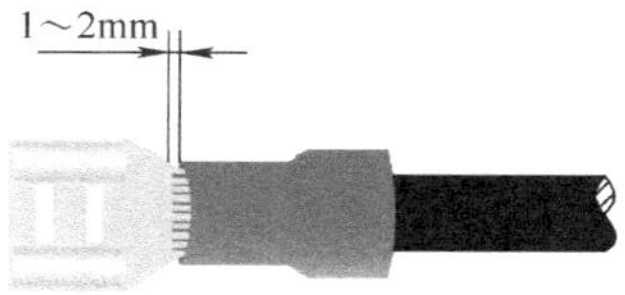	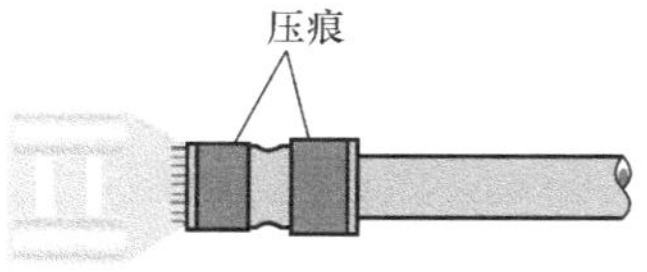
7					
8	双线插式管形绝缘端子	TE2510		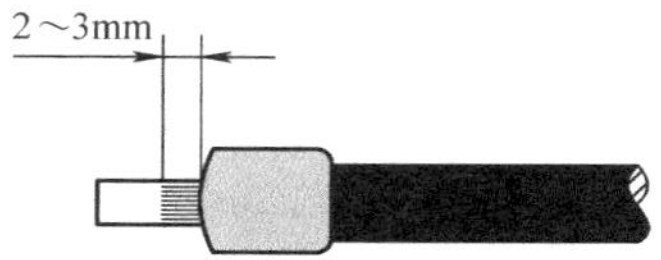	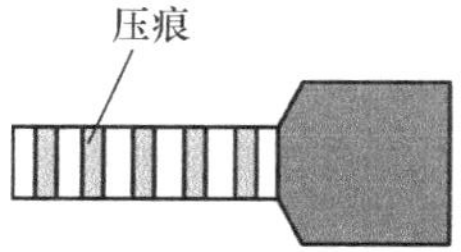
9		TE1508			
10		TE2508			
11		TE6014			
12		TE10-14			
13		TE4012			
14	管形绝缘端子	E7508	1）剥线要求见右图 2）管形绝缘端子压痕应在端子的管部均匀压接	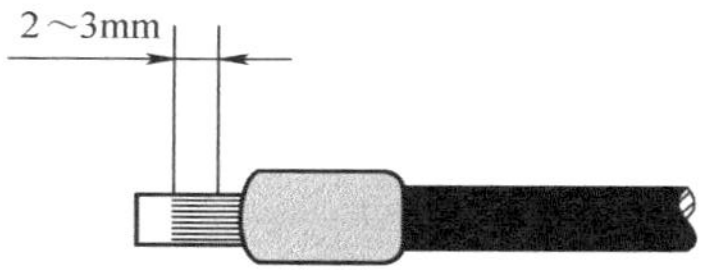	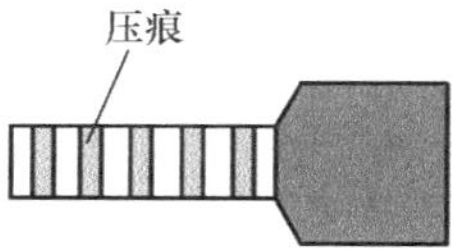
15		E1508			
16		E2508			
17		E4009			
18		E6012			
19		E10-12			
20		E16-12			

173

(续)

序号	冷压端子名称	冷压端子型号	压接使用规范	剥线要求	压接要求
21	圆形裸端子	OT1.5-6	1) 剥线要求见右图 2) 压线时裸端子压痕在端头管部焊接缝上，保证压接牢固 3) 使用时，需增加号码管，保证号码管遮住裸露的导线	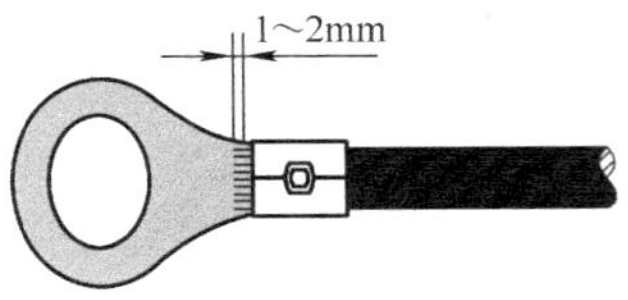	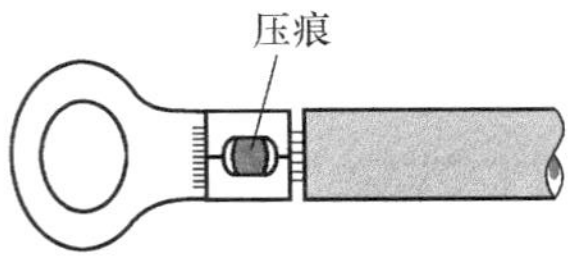
22		OT5.5-6			
23		OT8-6S			
24	圆形绝缘端子	RV2-5	1) 绝缘压接区压痕应在筒中央的两边均匀压接，一端使绝缘端子与导线压接，另一端使绝缘管与导线绝缘层相吻合	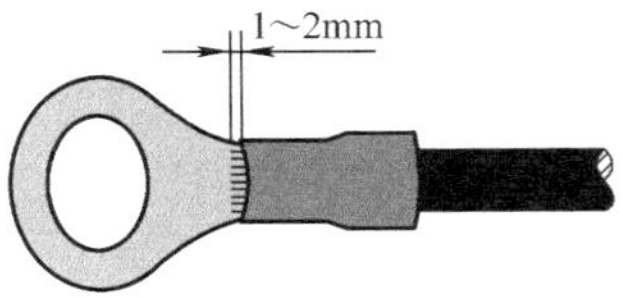	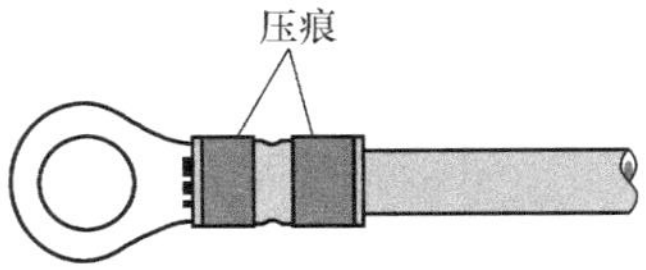
25		RV2-5L	1) 绝缘压接区压缩绝缘层，但不会刺穿 2) 线芯伸出导体压接区前部1~2mm 3) 绝缘和导体压接区之间的部分可以看见绝缘层和导体		
26	压接针			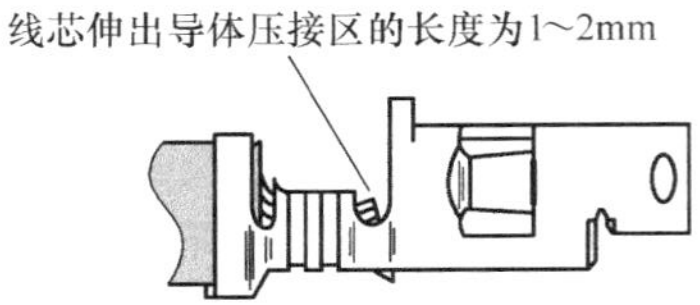	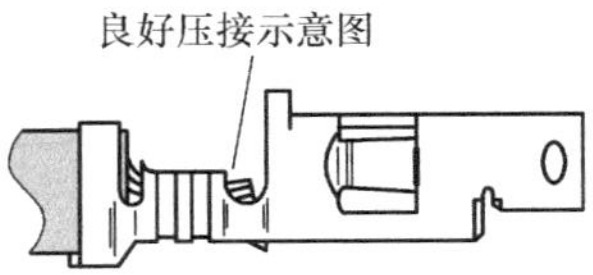

2. 压接要求

冷压端子压接要求见表5-4。

表5-4 压接要求

序号	压接要求	图示
1	剥线过程中禁止将铜芯切断	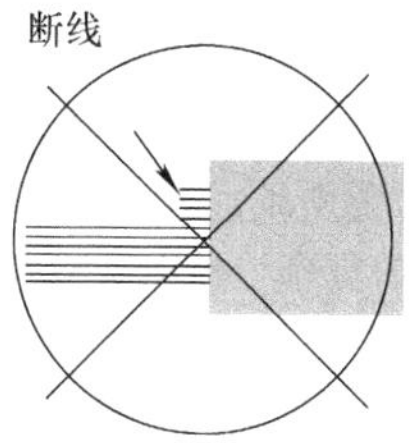 断线
2	每根导线要拉挺直，行线做到平直整齐，式样美观	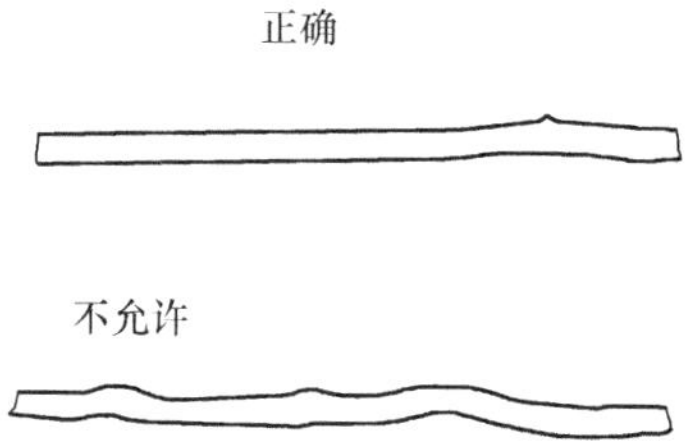 正确 / 不允许
3	剥线过程中不允许有中间接头、强力拉伸导线及绝缘层破损的情况	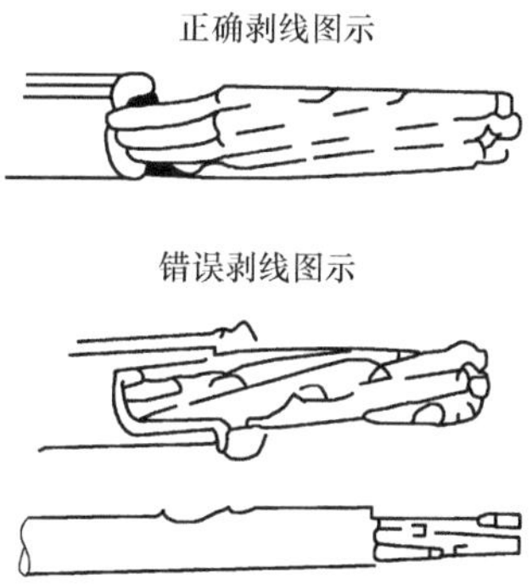 正确剥线图示 / 错误剥线图示
4	剥线长度符合要求，禁止剥线长度过长或过短，影响产品导电性能	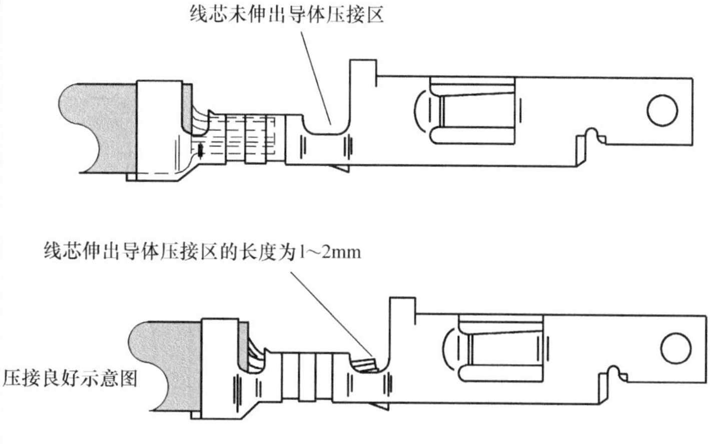 线芯未伸出导体压接区 / 线芯伸出导体压接区的长度为1~2mm / 压接良好示意图

（续）

序号	压接要求	图示
5	1）线芯插入端子后，不能有未插入的线芯露出端子管外部 2）不能出现绞线的现象，不能剪断线芯	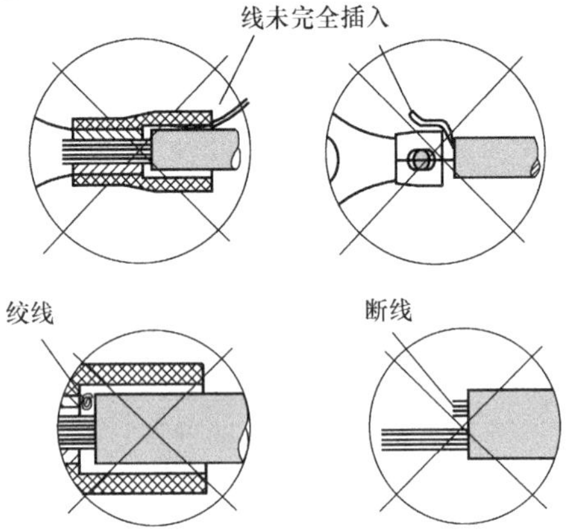
6	冷压接端子的规格必须与所接入的导线直径相吻合，禁止使用大一号或以上规格的端子压接导线	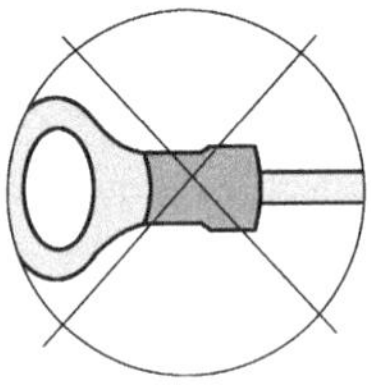
7	剥去导线绝缘层后，应尽快与冷压接端子压接，避免线芯产生氧化膜或粘有油污	
8	1）通常不允许2根导线接入1个冷压接端子，因接线端子限制必须采用时，宜先采用2根导线压接的专用端子 2）也可选用大一级或大二级的冷压接端子。绝缘端子与2根导线压接时，要避免出现裸线芯露出绝缘管外的情况	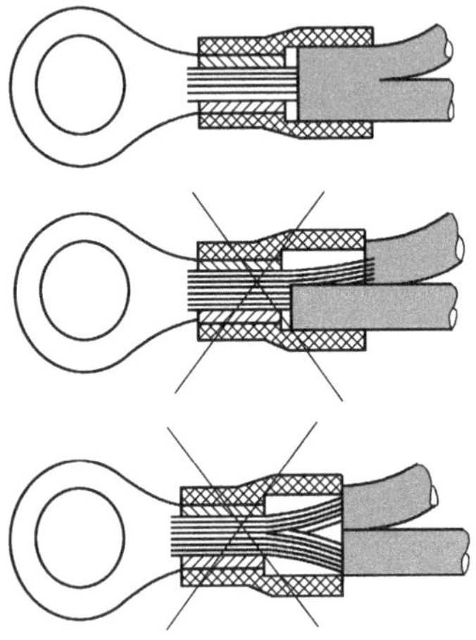
9	1）裸端子的管部应套入标记套管内，避免带电裸露部分外露 2）标记套管的文字符号应朝外或便于观察的方向	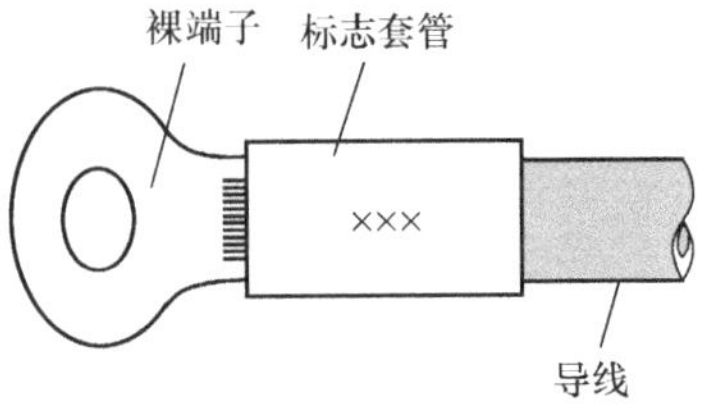

(续)

序号	压接要求	图示
10	1）压接过程中，注意避免压接过于靠前导致端子压接区损坏 2）若止口被完全损毁，线芯会穿过外壳	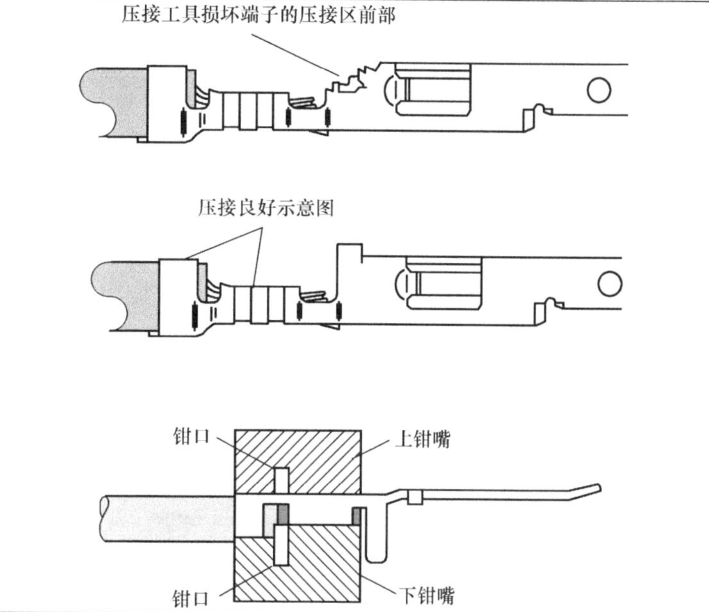 压接工具损坏端子的压接区前部 压接良好示意图 钳口　上钳嘴 钳口　下钳嘴
11	1）避免剥线长度过短，或线芯导体未完全插入压接区，端接不能达到规定的拉拔力要求 2）避免剥线长度过长导致线缆插入压接区过深	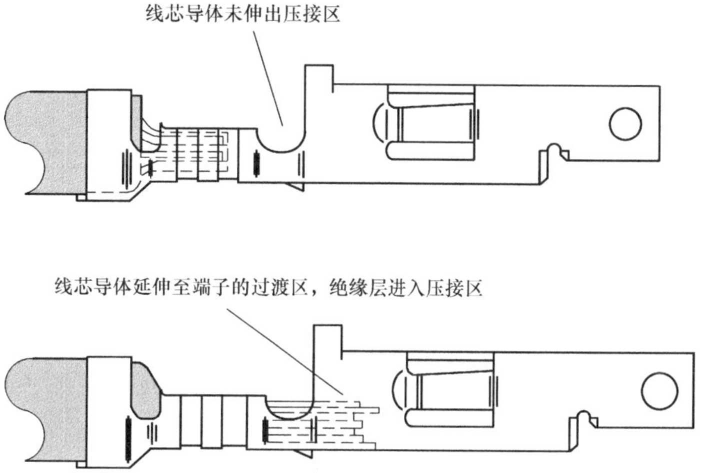 线芯导体未伸出压接区 线芯导体延伸至端子的过渡区，绝缘层进入压接区
12	1）压接过程中避免倒钩向内或向外的过度弯曲，从而影响端子完全锁入塑料外壳的能力 2）倒钩开口为 2～10 倍的导线绝缘皮厚度，具体根据端子类型判定	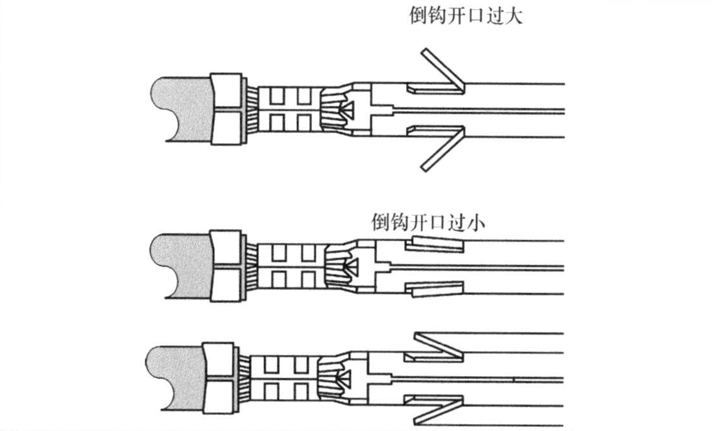 倒钩开口过大 倒钩开口过小

（续）

序号	压接要求	图示
13	1）避免压接过程中导致端子变形 2）端子很难插入外壳中，可能引起端子碰撞	与压接区的中心线不平行

3. 管形绝缘端子

管形绝缘端子如图 5-17 所示。其型号及参数见表 5-5。

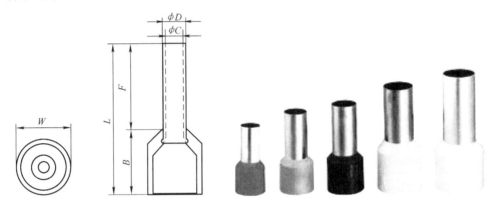

图 5-17 管形绝缘端子

表 5-5 管形绝缘端子型号及参数

编号	电线范围	型号	尺寸/mm						颜色
			F	L	W	B	D	C	
1	22AWG	E0508	8.0	14.0	2.6	6.0	1.3	1.0	白、橙
2	20AWG	E7508	8.0	14.3	2.8	6.3	1.5	1.2	蓝、白
3		E7510	10.0	16.3					
4	18AWG	E1008	8.0	14.3	3.0	6.3	1.7	1.4	红、黄
5		E1012	12.0	18.3					
6	16AWG	E1508	8.0	14.3	3.5	6.3	2.0	1.7	黑、红
7		E1510	10.0	16.3					
8		E1512	12.0	18.3					
9	14AWG	E2508	8.0	15.4	4.0	7.4	2.6	2.3	灰、蓝
10		E2510	10.0	17.4					
11		E2512	12.0	18.4					
12		E2518	18.0	25.4					
13	12AWG	E4009	9.0	16.4	4.5	7.4	3.2	2.8	橙、灰
14		E4012	12.0	19.4					

绝缘套材质：尼龙 PVC

(续)

			绝缘套材质：尼龙PVC						
编号	电线范围	型号	尺寸/mm						颜色
			F	L	W	B	D	C	
15	10AWG	E6012	12.0	20.5	6.0	8.5	3.9	3.5	绿、黑
16		E6018	18.0	26.5					
17	8AWG	E10-12	12.0	22.0	7.5	8.8	4.9	4.5	棕、乳白
18		E10-18	18.0	26.0					
19	6AWG	E16-12	12.0	22.0	8.7	10.0	6.2	5.8	乳白、绿
20		E16-18	18.0	28.0					
21	4AWG	E25-16	16.0	28.0	11.0	12.0	7.9	7.5	黑、棕
22		E25-22	22.0	34.0					
23	2AWG	E35-16	16.0	30.0	12.5	14.0	8.7	8.3	红、米
24		E35-22	22.0	36.0					

四、线号印字机

◆ 引导问题

1. 线号印字机有何用途？
2. 线号印字机使用步骤是什么？
3. 线号管规格有哪些？

◆ 咨询资料

1. 线号印字机的用途

线号印字机，全称线缆标志打印机，又称线号印字机、打号机，采用热转印打印技术，打印精度可达到300dpi，可打印PVC套管、热缩管、PET标签、4mm标志条、标牌、挂牌、端子标记号等材料，如图5-18所示。标识迅速、方便，打印机自身带有键盘和LED显示屏，小巧轻便，有多种机型可以选用，一般用于电控、配电设备二次线标识，是电控、配电设备及综合布线工程配线标识的专用设备，可满足电厂、电气设备厂、变电站、电力行业电线区分标志标识的需要。

2. MAX 380E 线号机的使用

（1）调用半切功能 机器初始默认为半切方式，按蓝色功能键，再按【段落方式】键（段落长度键），弹出对话框，共有自动半切、实线、虚线、全无四种剪切方式，用户根据不同需求选择不同剪切方式。

当半切刀切的深度不合适时，可以利用"半切刀深度调节杆"调整半切刀的深度。

注意：

当打印套管时，应把调节杆往下拉至套管（tube）位置。

当打印贴纸时，应把调节杆往上拉至贴纸（tape）位置。

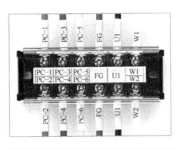 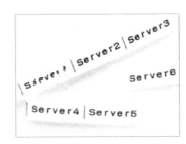
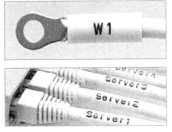 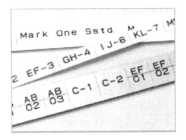

图 5-18 线号印字机的应用

默认半切时，调节杆位于中间，根据实际打印需要，往上调深，往下调浅。

(2) 输入大小写字母、文字、特殊符号

1) 按【A/a/拼音】键切换大小写字母、拼音输入。

2) 按【功能】键切换输入"＋""－"等特殊符号。

(3) 删除文字、符号、段落

1) 光标移到要删除的文字下面，按【删除】键。

2) 按【←】键，在光标前的文字被删除。

(4) 文字颜色深浅调节　按【选用设定】键，出现"选用设定"选项，选择"印字浓度"，按左右方向键增减。

(5) 文字的加粗　按【文字宽度】键，出现选择项目："标准""浓缩""扩大"，选择"扩大"。

(6) MAX 380E 线号机用于套管印字的具体设定及打印步骤

1) 在"选择印刷物"的画面里设定"印刷物＝套管"和"尺寸＝3.2mm"。

2) 出现"输入画面"，确定指示点在屏幕左边"A"的位置。

3) 按左右方向键，将光标移到"P"的下面。

4) 按【段落长度】键来设定"段落长度"。可按左右键选择段落长度，或者按数字键直接输入。

5) 将光标移到"B"后面，按【连续】键，设定连续打印段数。

6) 输入要打印的内容，如"AD"，再按【段落】键产生一个新的段落，输入文字，设定连续打印段数，依此类推。

7) 按【打印】键，出现"打印范围　设定屏幕"，如不需变更，请直接按【确定】键。

8) 出现"打印全长　画面"，如不需变更，请直接按【确定】键，开始打印。

MAX 380E 线号机不仅操作简单，能将字母直接打印在 PVC 套管和贴纸上，而且具备高速印刷性能（高达 20mm/s）和高耐久性，1h 可打印 5000 个直径 1.5mm 的套管。

3. 线号管的规格

线号管简称套管，又叫线号套管，在套管上用线号机打印线号，用于配线标识。常用的是白色 PVC 内齿圆套管，常用规格有 $0.75mm^2$、$1.0mm^2$、$1.5mm^2$ 等，其规格与电线规格相匹配，如 $1.5mm^2$ 电线应选用 $1.5mm^2$ 套管。线号管的规格及参数见表 5-6。

表 5-6 线号管的规格及参数

规格	颜色	适用导线外径 ϕ/mm	每卷重/kg
0.75	白色	2.0~2.3	1
1.0		2.4~2.6	
1.5		2.7~3.1	
2.5		3.2~3.6	
4.0		3.7~4.2	
5.0		4.5~4.7	
6.0		4.3~5.2	
7.0		6.8~7.2	

五、阀岛

阀岛（Valve Terminal），是由多个电控阀构成的控制元器件，它集成了信号输入/输出及信号的控制，犹如一个控制岛屿。

阀岛是新一代气电一体化控制元器件，已从最初带多针接口的阀岛发展为带现场总线的阀岛，继而出现可编程阀岛及模块式阀岛。阀岛技术和现场总线技术相结合，不仅确保了电控阀布线容易，而且也大大简化了复杂系统的调试、性能的检测和诊断及维护工作。借助现场总线高水平一体化的信息系统，使两者的优势得到充分发挥，具有广泛的应用前景。

与模块式自动生产线发展相呼应的技术是分散控制。分散控制在复杂、大型的自动化设备上得到了越来越广泛的应用。在这类设备上往往有完成一些特定任务的基本动作，例如加工件的抓取、转向、放置这一系列动作就需要由气动手指（或真空吸盘），摆动缸以及普通气缸组成的动作单元完成。为了减少气缸控制管路的气流损失，控制电磁阀应尽可能安装在这些动作单元附近。

鉴于分散控制系统的要求，出现了由 CP 型紧凑阀组成的紧凑型阀岛（CP 阀岛）。紧凑型阀岛的外形很小，但输出流量非常大，即其体积/流量比特别大，这是紧凑阀与微型阀的区别之处，例如 14mm 厚度的 CP 阀可提供 800L/min 的大流量输出，18mm 厚度的可达 1600L/min。以紧凑型阀岛为核心，以分散控制为策略，以 CAN 型现场总线为联网接口方式的整体系统成为目前主流产品。

鉴于模块式生产已成为目前发展趋势，同时单个模块以及许多简单的自动装置往往只有十个以下的执行机构，于是出现了一种集阀，即将可编程序控制器以及现场总线集成为一体的可编程阀岛。

模块式生产的基本策略是将整台设备分为几个基本的功能模块，每一基本模块与前后模块间按一定的规律有机地结合。模块式生产线是由下料模块、预检模块、加工模块、分组模块组成。模块化设备的优点是生产者可以根据加工对象的特点，选用相应的基本模块搭配成整机，这不仅节省了设备制造周期，而且可以实现一种模块多次使用，节省了设备投资。可编程阀岛在这类设备中广为采用，每一基本模块装用一套可编程阀岛，这样软件工程师可以离线同时对多台模块进行可编程序控制器用户程序的设计和调试。这不仅大量缩短了整机的调试时间，同时当这类设备出现故障时，可以通过简单调换出故障的模块，使停机维修时间最短。

festo 模块式阀岛的基本结构如图 5-19 所示，其控制模块位于阀岛中央，控制模块有三种基本方式，包括多针接口型，现场总线型和可编程序型。各种尺寸、功能的电磁阀位于右侧，每两个或一个电磁阀装在带有统一气路、电路接口的阀座上。阀座的次序可以自由确定，其数量也可以自由增减。各种电信号的输入，输出模块位于左侧。

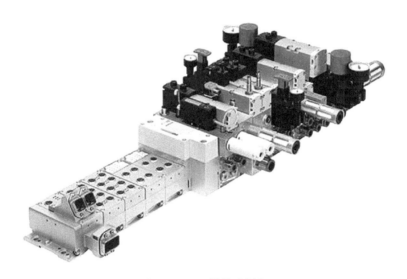

图 5-19　festo 模块式阀岛

六、气动快速接头

气动快速接头是一种主要用于空气配管、气动工具的快速接头，不需要工具就能实现管路连通或断开。

按结构可分为以下几种：

(1) 两端开闭式

1) 不连接时，即当母体的套圈移到另一端时，不锈钢珠自动向外滚动，子体因受到母体与子体共同阀门弹簧力的作用力而断开，子体与母体的阀门各自闭合，瞬间阻断流体流动。

2) 连接时，即当子体插入母体时，套圈在弹簧的作用下回到原来的位置，钢珠滚动锁紧子体，同时母体与子体的阀门互相推动而打开，流体流通，O 型圈能完全阻断流体的渗漏。

(2) 两端开放式

1) 不连接时，即当母体的套圈被推到另一端时，钢珠自动向外滚动，因此，子体被移出；由于子体与母体都没有阀门，流体向外流出。

2）连接时，即当子体插入母体时，套圈被其弹簧的作用力推到先前的位置；致使钢珠锁紧，流体流动，其中的 O 型圈以防止渗漏。

（3）单路开闭式

1）不连接时，即当母体的套圈移到另一端时，不锈钢珠自动向外滚动，子体被阀门弹簧的反作用力弹开，阀门就能自动关闭以阻断流体流动。

2）连接时，即当子体插入有套圈的母体一侧时，阀门被打开导致流体流动，垫圈被弹簧的力量推回原来的位置，不锈钢珠会锁住以确保子/母体连接，里面的垫圈能完全阻断流体的渗漏。

气动快速接头的适用范围包括空气管路、空压机、研磨机、空气钻、冲击扳手、气动螺钉旋具等气动工具连接用快速接头。

注意事项：

① 请不要用于快速流体接头以外的用途。
② 请不要用于适用流体以外的流体。
③ 请不要与其他公司生产的快速流体接头相连接。
④ 使用时不要超过最高使用压力。
⑤ 不要在使用温度范围以外使用，防止造成密封材料磨损或泄漏。
⑥ 不要进行人为的击打、弯曲、拉伸，防止造成破损。
⑦ 不要在混入金属粉或沙尘等地方使用，防止造成工作不良或泄漏。
⑧ 如附着杂物会造成工作不良或泄漏。
⑨ 请勿拆卸快速接头。

学习活动三　制订工作计划

一、引导问题

请阅读安装图，用自己的语言描述具体的工作内容，制订工作计划；列出所需要的工具和材料清单。

1. 请根据实际情况制订工作计划，填写表 5-7。

表 5-7　世赛电路施工情况工作计划

安装单位		完成的时间	
安装目的和要求	安装目的		安装工艺要求
项目负责人		裁判	
裁判长		工具与材料是否齐全	
技术人员 （负责安装人员）		实施的具体步骤	1. 2. 3.

2. 请列举所要用的工具和材料清单，填写表5-8。

表5-8 材料清单

名 称	规 格	数 量	备 注

3. 你在领取材料时应以什么为依据进行核对？
4. 你所领取的材料和器件用何种仪表检验？如有质量问题，你应当怎样协调解决？

请认真阅读工作情景描述及相关资料，用自己的语言填写安装工作任务单，见表5-9。

表5-9 安装工作任务单（大赛筹备组）

安装台号					
安装项目			安装时间		
安装单位		责任人		承接时间	20 年 月 日
		联系电话			
安装人员			完工时间	20 年 月 日	
验收意见			验收人		
项目负责人签字			比赛总负责人签字		

5.（1）填完工作任务单后你对此工作有信心吗？
（2）看到此项目描述后你想到应如何组织计划实施完成？
（3）你认为工程项目现场环境、管理应如何才能有序、保质保量地完成任务？
（4）为了施工任务实施、学习方便、工作高效，在咨询教师前提下，与班里同学协商，合理分成学习小组（组长自选、小组名自定，例如宇宙组），分组名单填入表5-10，工序及工期安排填入表5-11。

表5-10 分组名单

小组名	组长	组员

表5-11 工序及工期安排

序号	工作内容	完成时间	备 注

学习活动四 任务实施

一、冷压接线端子操作及检验

1. 剥去导线的绝缘层

(1) 使用工具 用到的工具有剥线钳,电工刀,螺钉旋具,卷尺。

(2) 技术要求 剥去导线绝缘层时,不得损伤线芯,并使导线线芯金属裸露。非正面接线及其他接线方式不知道剥线长度时,先把专用螺钉旋具插入冷压端子的工艺方孔中,使冷压端子弹簧孔张开,把导线插到冷压端子圆孔最深处(遇到阻力为止),取出专用螺钉旋具,再次插入专用螺钉旋具,取出导线,此时导线压痕距离导线端子的长度即为该冷压端子端线长度。

(3) 检验方法 接线时,应保证导线绝缘层要进入端子的圆孔中:$4mm^2$ 及以下导线的绝缘外皮要求进去 3~5mm,$6~10mm^2$ 导线的绝缘外皮要求进去 5~7mm,使用卷尺测量。

2. 清洁接触面

在冷压端子与导线插装之前,将剥开的线芯和冷压端子仔细清理干净,要求裸露导线光洁无非导电物和异物,冷压端子内部清洁。检验方法为目测。

3. 线芯插入冷压端子套

剥开的线芯插入冷压端子套时,将所有的线芯全部插入端子中。检验方法为目测。

4. 冷压端子冷压接

将导线端子压接到导线上,需要专用压线钳压接。本部分检验方法均为目测。

1) 导线的截面要与冷压端子的规格相符。

2) 使用压接工具的钳口要与导线截面相符。

3) 压接部位在冷压端子套的中部,压接部位要求正确。

4) 采用 V 型钳口压接钳压接时,应使压痕在冷压端子套的下部。

5) 使用无限位装置的压接工具时必须把工具手柄压到底。

5. 导线标记(线号)的安装

1) 使用热缩管作为导线标记时,在压接前先将导线标记套在导线上,然后进行压接工作。导线标记的套入,一律为标记数字或者字母顺导线轴向方向套入。标记在水平位置时,数字或者字母应正置(对操作人),数字个位数(最后一位)应远离冷压端子。要求标记均匀清晰,方向正确。

2) 使用热缩管作为导线标记(线号)时,应使用专门加热装置加热,使导线标记均匀包在冷压端子和导线上,要求标记均匀清晰,方向正确。

3) 导线标记颜色。交流主回路为黄色、绿色和红色;控制回路为白色;N 线为浅蓝色;直流部分正极为棕色,负极为蓝色。其他特殊要求参照 TB/T 1759—2016《铁道客车配线布线规则》。导线标记热缩后字高应不小于 2.5mm。

二、了解冷压接线端子压接规则

1) 按导线截面使用对应的、合适的冷压端子,要求对应规格完全相同。

2）剥去导线绝缘层的长度要符合规定。

3）导线的所有金属丝完全包在冷压端子内，要求无散落铜丝。

4）压接部位要符合规定。

5）压接后的强度检验依据 TB/T 1507—1993《机车电气设备布线规则》中关于抗拉强度试验的强度，用经过校准的 TLS–S2000A 弹簧拉压试验机来检定压接的质量。

6）压接工具必须每三个月检定一次，符合要求的工具应具有显示其在有效期内的标签。

7）布线捆扎时每隔 400~500mm 至少捆扎一次。

三、了解接线用线号管标注规则

1. 强电的线号标注规则

（1）连接 AC 220V 的单相三线制用电　线号采用 L、N、G（或 PE）这三个分别表示相线、零线、地线的字母并加上四位数字的组成来表示。该类线号主要用于标注断路器上下的连接端、开关电源的 AC 220V 输入端或 UPS、滤波器等强电设备的相关连线。

标注方式如图 5-20 所示。

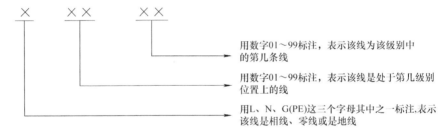

图 5-20　标注方式

例如"L0101""L0215"或"N0103""PE0105""G0207"等。

具体标注示例如图 5-21 所示。

（2）连接 380V 的三相三线制用电　线号采用 U、V、W 这三个分别表示三相的相应字母并加上三位数字来表示。该类线号主要用于三相电机的相关连线。标注方式可参考连接 AC 220V 的单相三线制供电中的描述。

（3）注意事项　强电的线号标注必须依照以上两条规则，不得擅自更改。凡是设备上有接线端的位置均要标注好线号，并要求同一根线上两端标注的线号是一样的，便于后期维护时可以更快速地定位到该连线上。

2. 弱电的线号标注规则

（1）标注样式　弱电（直流供电、信号线等）部分的标注与强电不同，均采用除了 L、N、G、U、V、W 这六个字母外的任意一个字母再加上四位数字的组合来表示。该类线号主要用于常见的 DC 24V、DC 12V、DC 5V 等直流供电线，开关电源的输出线以及编码器线、传感器线、接口卡线、信号盒上各接口线、相机线、光源线等的标注上。弱电的线号标注方式如图 5-22 所示。

例如"A0208""F0214"或"Q1203"等。

（2）设备或接口的甩线直接连接到端子排上的情况　以相机为例，若一套完整的在线

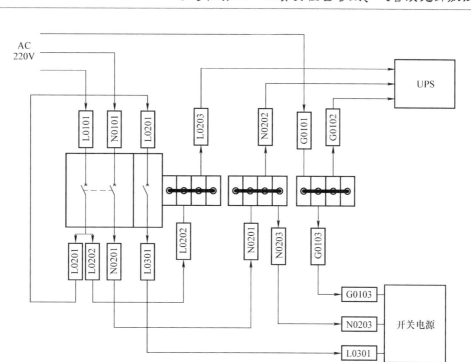

图 5-21 具体标注示例

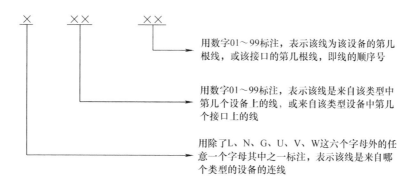

图 5-22 弱电的线号标注方式

检测系统中有 6 个相机，同时规定了相机的类型代号是字母 "H"（不论这 6 个相机在现实中是否为同一个品牌或同一型号），且相机接口连线的甩线端连接到了端子排或开关电源上，这些线都需要用线号管来标注，则相机 1 上的所有线按顺序用 H0101、H0102、H0103、…、H0199 来标注，其中包括了供电电源线和信号线等，相机 2 的所有线均按顺序用 H0201、H0202、H0203、…、H0299 来标注，依此类推，直到 "H06××" 为止。

这样做的好处是即使同一类型中的设备有很多，也足够可以排列出所有所需的线号，不会出现重复或混乱的现象。

再以信号盒为例，若一个信号盒上提供有 IN、OUT 等共 8 个接口，同时规定了信号盒的类型代号是字母 "S"，且这 8 个接口连线的甩线端连接到端子排上，需要用线号管来标注，则接口 1 上的所有线均按顺序用 S0101、S0102、S0103、…、S0199 来标注，接口 2 上的所有线均用 S0201、S0202、S0203、…、S0299 来标注，依此类推，直到"S08××"为止。此时若还有第二个有 8 个接口的信号盒，那么这第二个信号盒上的接口连线要从"S09××"开始排列，直到"S16××"为止。依此类推，将所有信号盒的所有接口连线都标注完毕。

注意：以上情况基本只适用于设备与端子排之间的连线。

3. 特殊情况下的线号标注

（1）设备之间直连的情况　有时候设备并没有连接到端子排上，而是直接连接到其他设备上。比较常见的如相机（或光源）的电源线直接连接开关电源。那么规定：在这种情况下，该连线要用被供电设备的字母代号来标注线号，即用相机（或光源）的字母代号来标注线号。

（2）设备与设备之间有断路器及端子排隔离的情况　图 5-23 所示例子中，开关电源需要给光源供电，但中途却经过了断路器和端子排的多层过渡。在这种情况下，因为断路器与端子排本身均没有自己的设备字母代号，因此，从开关电源输出端开始直到图中最下层的断路器及端子排为止，上层的全部连线均采用该开关电源的代号"P01××"作为标注形式（最后两位数字改变，"P01"不变）。而最下层的断路器、端子排到光源的连线，用光源本身的字母代号"L01××"进行标注即可。

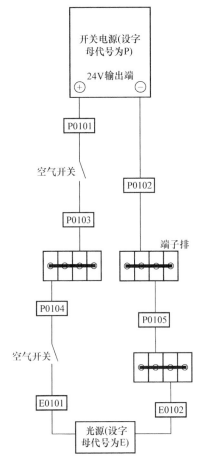

图 5-23　断路器及端子排隔离标注方式

（3）继电器和 PLC 的连线　继电器和 PLC 本身也算一种设备类型，所以它可以有自身的字母代号。目前规定：只有端子排与继电器、端子排与 PLC 之间的连线要采用继电器、PLC 本身的字母代号来标注线号；除了端子排外，凡是其他设备与继电器、PLC 之间的连线，均要采用其他设备的字母代号来标注线号。

（4）注意事项　弱电的标注必须依照弱电的线号标注规则，不得擅自更改。凡是设备上有接线端的位置均要标注好线号，并要求同一根线上两端标注的线号是一样的，便于后期维护时可以更快速地定位到该连线上。

四、安装世赛实验台

◆ 引导问题

1. 绑扎带如何使用？其固定有何要求？
2. 气管和导线在使用过程中有何注意事项？

3. 移动模块接线注意事项?

4. 阀岛在接气管时有哪些要求?

◆ **咨询资料**

1. 机电一体化项目专业技术规范

机械部分技术规范见表5-12。

表5-12 机械部分技术规范

项目	正确	错误
型材板上的电缆和气管分开绑扎	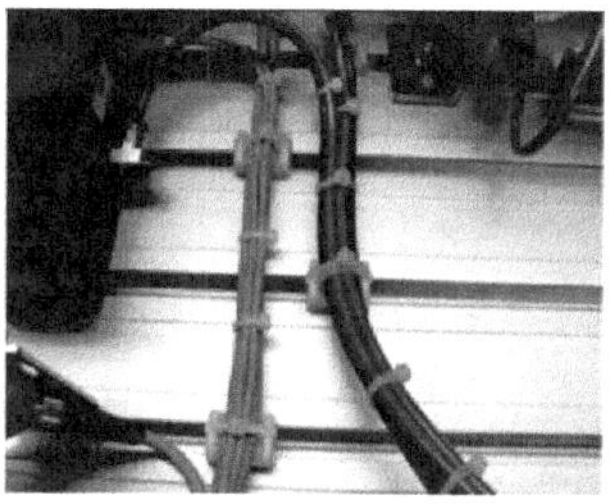	
当电缆、光纤和气管都来自同一个移动模块上时,允许绑扎在一起	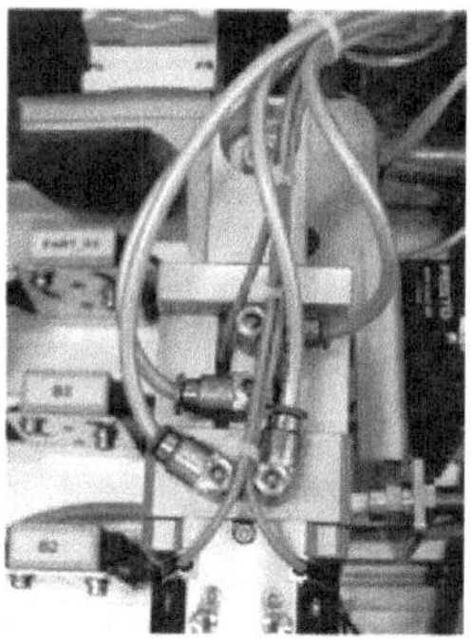	
绑扎带切割不能留余太长,必须小于等于1mm且没有割手飞边		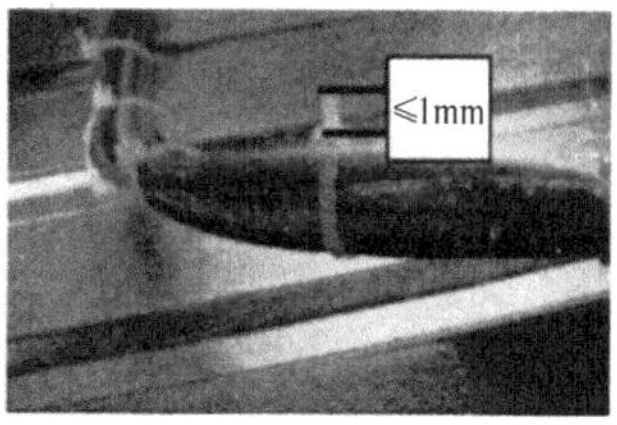

(续)

项目	正确	错误
除了连接 PLC 的电缆，两个绑扎带之间的距离不超过 50mm	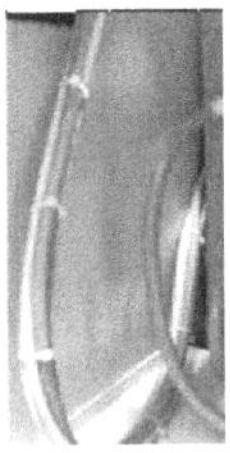	
两个线夹子之间的距离不超过 120mm		
电缆/电线/气管绑在线夹子上	单根电线用绑扎带固定在线夹子上 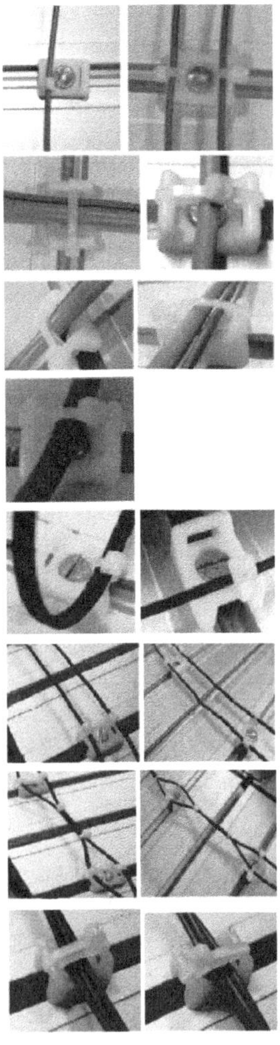	单根电缆/电线/气管没有紧固在线夹子上 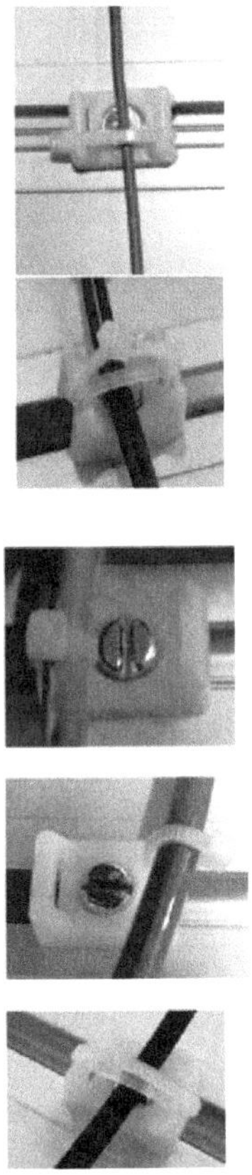

学习任务五 世赛实验台导线、气管及光纤敷设

(续)

项目	正确	错误
第一根绑扎带离阀岛气管接头连接处距离 60mm±5mm		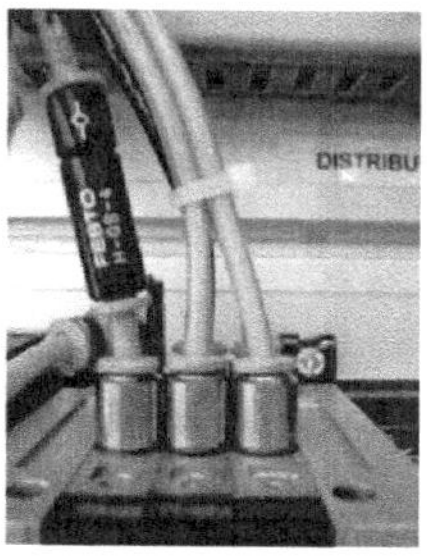
运动时所有的执行元器件和工件保证无干涉（碰撞）		评估时在电缆、执行元件或工件之间发生干涉
在系统板上无遗留工具		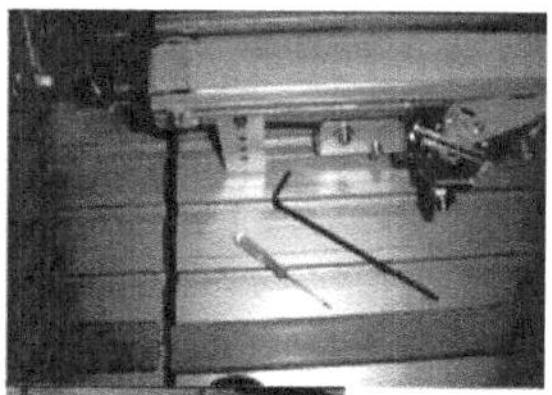 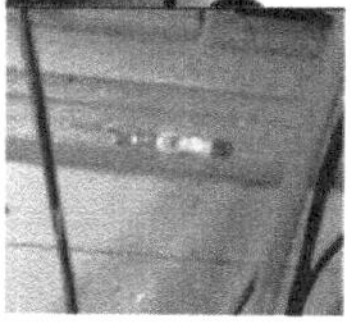
在系统上没有配线、气管或其他材料（例外：料筒零件）		
所有的元件、模块、电缆和光纤被固定（没有螺钉松动现象）		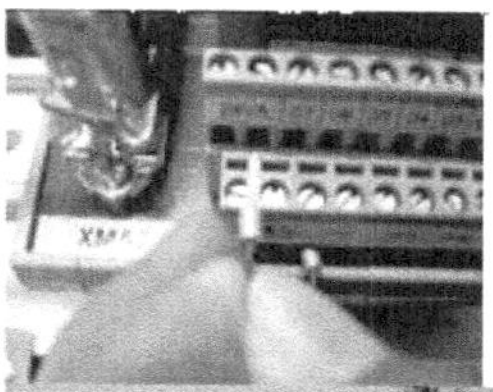 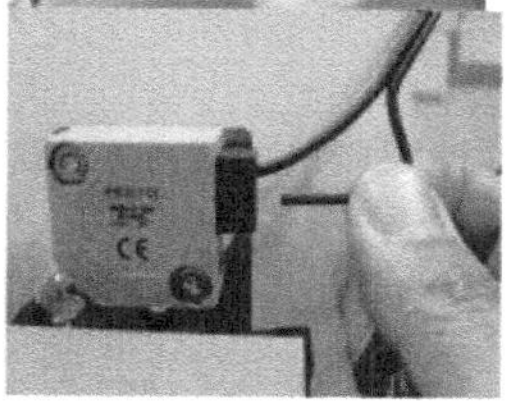
没有部件或模块破碎、损坏或丢失（包括电缆、配线等）		

（续）

项目	正确	错误
工作单元齐平（最大不齐平距离不超过 5mm）		
至少采用 2 个连接件把两个工作单元连接起来		
单元之间的距离最大 5mm		
型材剖面安装端盖		
用至少 2 个螺钉和垫圈固定走线槽	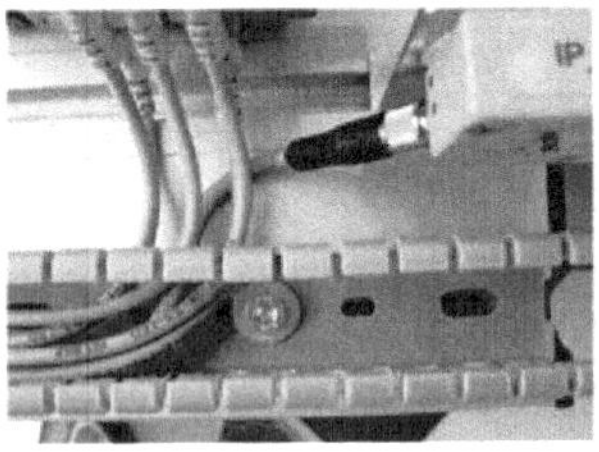	
型材板上允许把光纤和电缆扎在一起		
螺钉头没有损坏并且没有工具的残渣留在螺钉头上		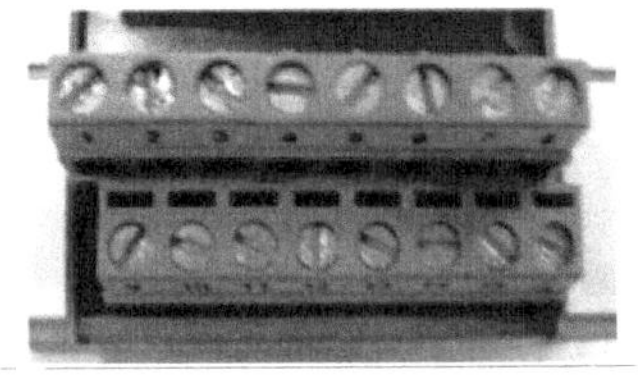

（续）

项目	正确	错误
锯割金属端无飞边	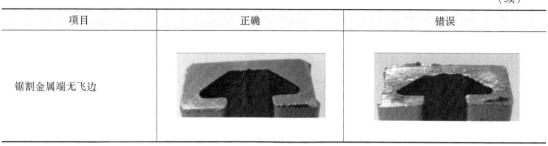	

电气部分技术规范见表5-13。

表5-13 电气部分技术规范

项目	正确	错误
电线金属材料无外露		
冷压端子金属部分不外露	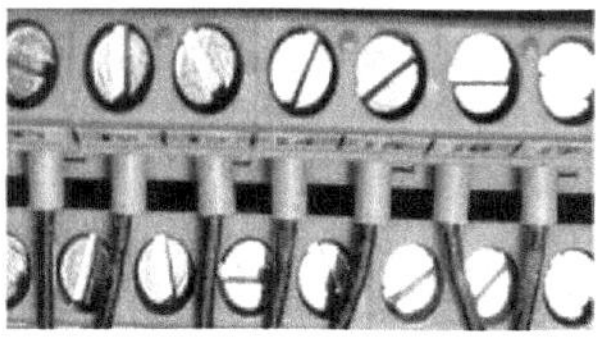	
所有电线连接必须使用适当尺寸的冷压端子 可用的尺寸有 0.25mm^2、0.5mm^2、0.75mm^2 除非使用夹钳连接（只有在螺钉上）		 
使用夹钳连接没有冷压端子	 	 

193

（续）

项目	正确	错误
电缆在走线槽里最少预留10cm 如果是一根短接线，在同一个走线槽里除外	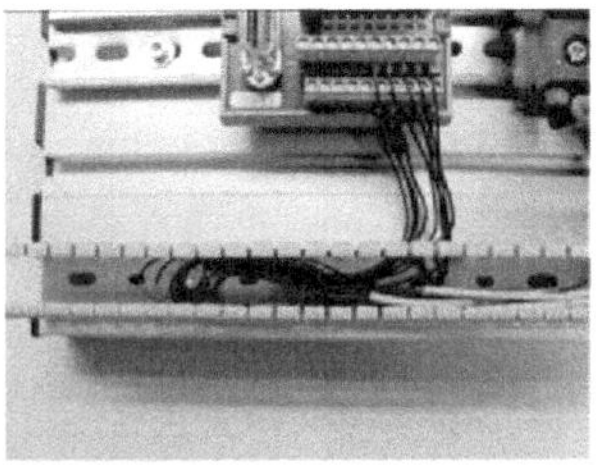 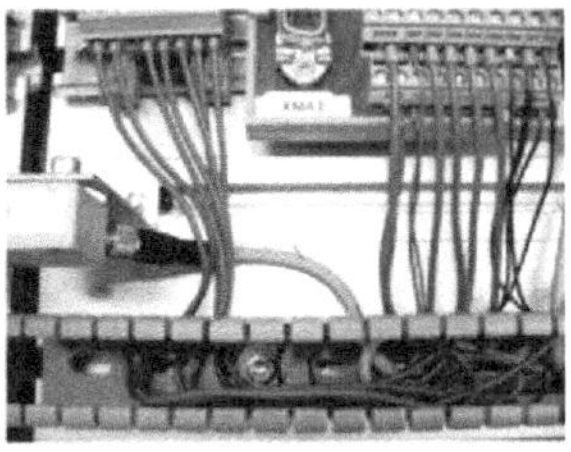 	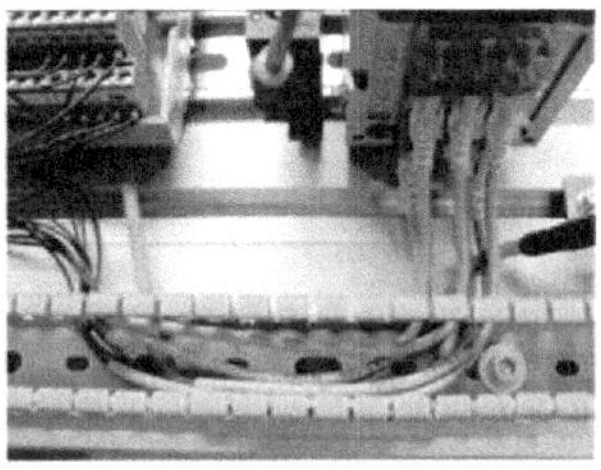
电缆绝缘部分应在走线槽里		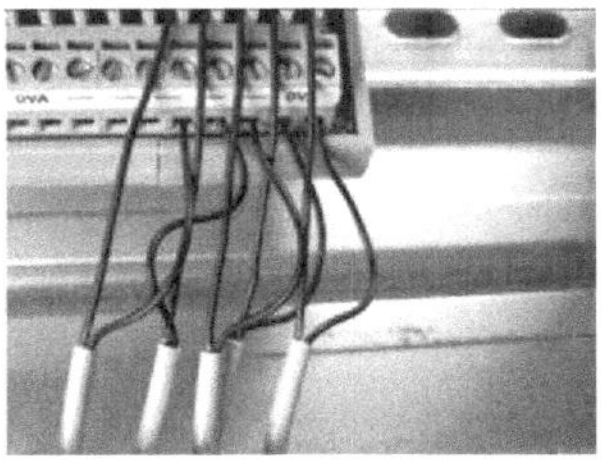 绝缘没有完全剥离

学习任务五　世赛实验台导线、气管及光纤敷设

（续）

项目	正确	错误
走线槽完全盖住，无翘起和个别齿未完全盖住现象		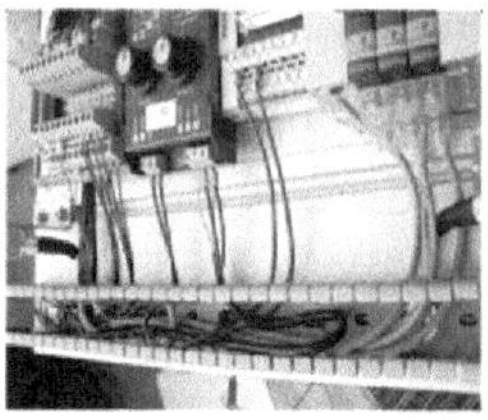 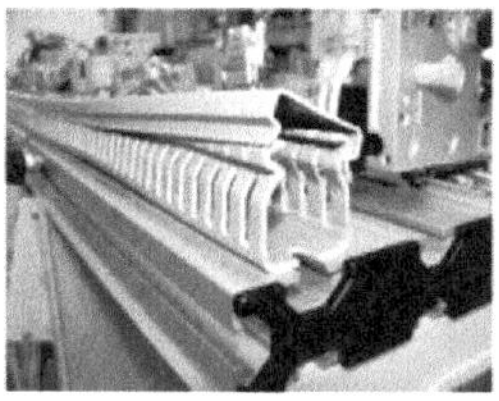 
没有多余的走线孔，走线槽不得更换		
不要损伤电线绝缘部分	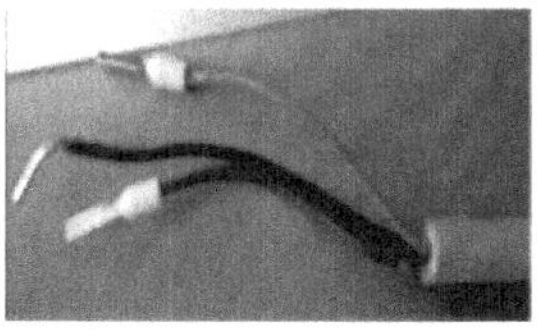	 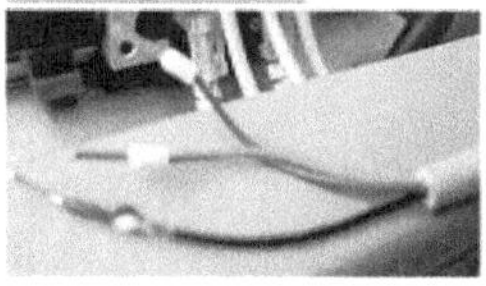

（续）

项目	正确	错误
没有电缆露在走线槽外；如有例外，专家组将会宣布		
不允许单根导线穿过导轨或锋利的边角 使用两个固定座固定		
单根电线直接进入线槽不能交错 允许同 1 个传感器或执行器电线进入走线槽的一个插槽		

学习任务五　世赛实验台导线、气管及光纤敷设

（续）

项目	正确	错误
不要剪短无用的电缆线并将其固定在电缆上	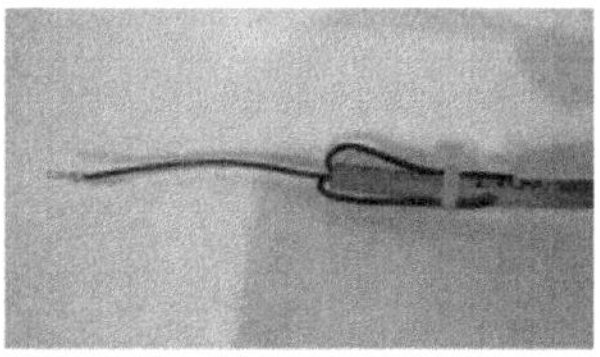	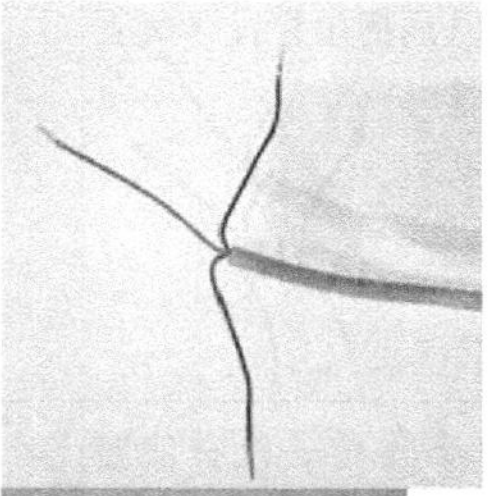 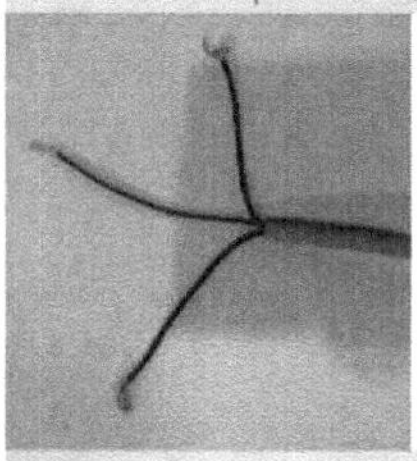 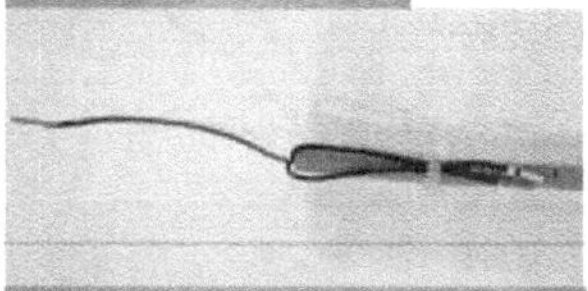 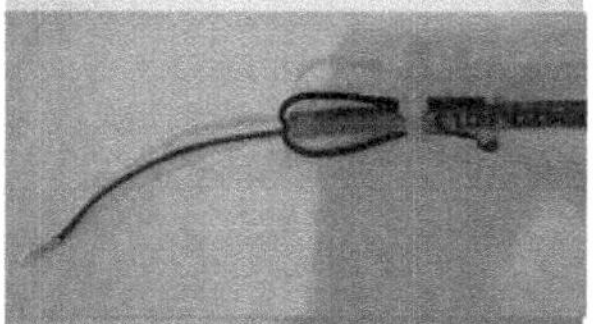 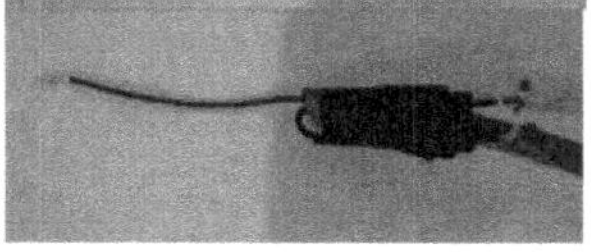

气动部分技术规范见表 5-14。

表 5-14　气动部分技术规范

项目	正确	错误
无气管缠绕、绑扎变形现象，绑扎不得过紧		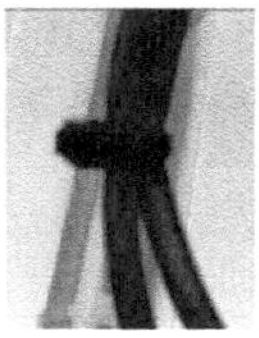

(续)

项目	正确	错误
气管不得从线槽中穿过（气管不可放入线槽内）	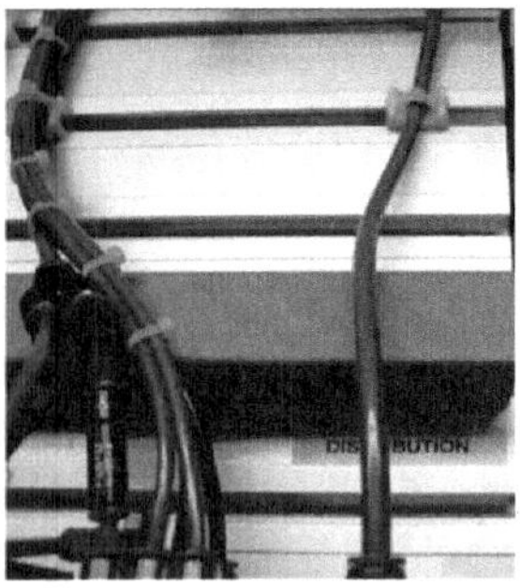	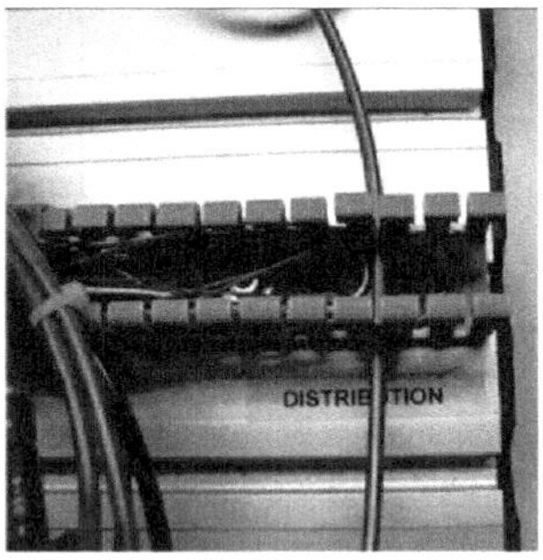
所有的气动连接处没有泄漏（防漏）		
在走线槽或者工作台其他位置无碎片		
光纤半径选择正确	>25mm	<25mm 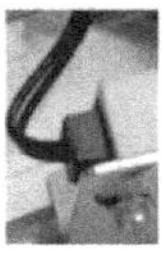
所有不用的部件整齐地放在桌上的盒子中 除非参赛队未能完成装配		
工作区域地面上无垃圾		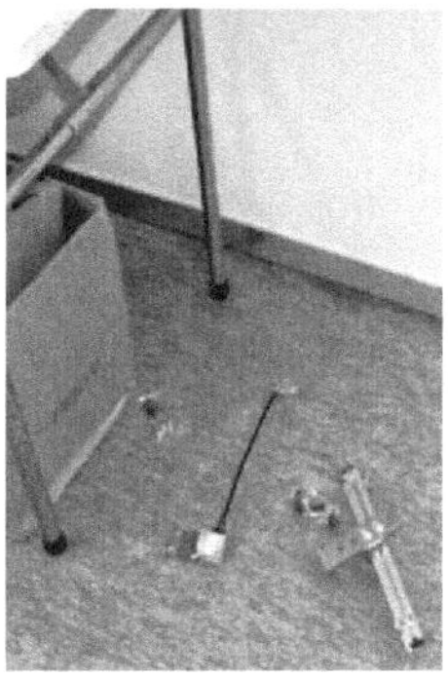
所有的机械组件按照 3D 简图或提供的图片安装在 MPS 单元上除非专家组另行声明		
所有的水管无泄漏		
水管、电缆、气管分开布置		

（续）

项目	正确	错误
只有在维护任务时，允许用铅笔或胶带做辅助线标记 所有的线、标记或胶带最后必须去除		
所有警示标签必须贴在规定位置		

2. 故障排查

填写排查故障记录，见表5-15。

表5-15 排查故障记录

序号	故障问题	故障现象	排查问题	得分

五、评价要点

1. 自评

请根据工程完工情况，用自己的语言描述具体的工作内容，并填写表5-16。

表5-16 评分表

评分项目	评价指标	标准分	评分
安全施工	是否做到了安全施工	10	
工具使用	使用是否正确	5	
接线工艺	接线是否符合工艺，布线是否合理	40	
自检	能否用数字万用表进行检测电路	10	
电路连接情况	能否试电成功，满足设计要求	20	
现场清理	是否清理现场	5	
团结协作	小组成员是否团结协作	10	

2. 教师点评

1）对各小组的讨论学习及展示点评。

2）对各小组施工过程与施工成果点评。

3）对各小组故障排查情况与排查过程点评。

学习活动五　综合评价

评价表见表5-17。

表5-17　评价表

评价项目	评价内容	评价标准	评价主体	
			自评	互评
职业素养	安全意识责任意识	A. 作风严谨、遵守纪律，出色完成任务，90~100分 B. 能够遵守规章制度，较好完成工作任务，75~89分 C. 遵守规章制度，没完成工作任务，60~74分 D. 不遵守规章制度，没完成工作任务，0~59分		
	学习态度	A. 积极参与学习活动，全勤，90~100分 B. 缺勤达到任务总学时的10%，75~89分 C. 缺勤达到任务总学时的20%，60~74分 D. 缺勤达到任务总学时的30%，0~59分		
	团队合作	A. 与同学协作融洽，团队合作意识强，90~100分 B. 与同学能沟通，协同工作能力较强，75~89分 C. 与同学能沟通，协同工作能力一般，60~74分 D. 与同学沟通困难，协同工作能力较差，0~59分		
专业能力	学习活动二 学习相关知识	A. 学习活动评价成绩为90~100分 B. 学习活动评价成绩为75~89分 C 学习活动评价成绩为60~74分 D. 学习活动评价成绩为0~59分		
	学习活动三 制订工作计划	A. 学习活动评价成绩为90~100分 B. 学习活动评价成绩为75~89分 C. 学习活动评价成绩为60~74分 D 学习活动评价成绩为0~59分		
创新能力		学习过程中提出具有创新性、可行性的建议	加分	
班级		姓名	综合评价等级	

 复习思考题

1. 通过大赛实验台安装过程学到了什么（专业技能和技能之外的东西）？
2. 安装质量存在问题吗？若有问题，是什么问题？什么原因导致的？下次该如何避免？

附　　录

附录A　实际工程技术交底记录

工程名称	节能大厦	分部工程	建筑电气工程
分项工程名称	塑料线槽配线安装	施工单位	××集团

交底内容：
1. 依据标准

《建筑工程施工质量验收统一标准》（GB 50300—2013）和《建筑电气工程施工质量验收规范》（GB 50303—2015）。

2. 施工准备

（1）材料要求

1）塑料线槽：由槽底、槽盖及附件组成，它是由难燃型硬聚氯乙烯工程塑料挤压成型，严禁使用非难燃型材料加工。选用塑料线槽时，应根据设计要求选择型号、规格相应的定型产品。其敷设场所的环境温度不得低于－15℃。以上线槽内外应光滑无棱刺，不应有扭曲、翘边等变形现象，并应有产品合格证。

2）绝缘导线：导线的型号、规格必须符合设计要求，线槽内敷设导线的线芯最小允许截面积：铜导线为$1.5mm^2$；铝导线为$2.5mm^2$。

3）螺旋接线钮：应根据导线截面积和导线根数，选择相应型号的加强型绝缘钢壳螺旋接线钮。

4）接线端子（接线鼻子）：选用时应根据导线的根数和总截面积，选用相应规格的接线端子。

5）塑料胀管：选用时，其规格应与被紧固的电气器具荷重相对应，并选择相同型号的圆头螺钉与垫圈配合使用。

6）镀锌材料：选择金属材料时，应选用经过镀锌处理的圆钢、扁钢、角钢、螺钉、螺栓、螺母、垫圈、弹簧垫圈等。非镀锌金属材料需进行除锈和防腐处理。

（2）主要机具

1）铅笔、卷尺、线坠、粉线袋、电工常用工具、活扳手、锤子、錾子。

2）钢锯、钢锯条、喷灯、锡锅、锡勺、焊锡、焊剂。

3）电钻、电锤、万用表、绝缘电阻表、工具袋、工具箱、高凳等。

（3）作业条件

1）配合土建结构施工预埋保护管、木砖及预留孔洞。

2）屋顶、墙面及地面、油漆、浆活全部完成。

3. 操作工艺

（1）工艺流程　弹线定位→线槽固定→线槽连接→槽内放线→导线连接→线路检查、

绝缘摇测。

(2) 弹线定位

1) 弹线定位应符合以下规定：

①线槽配线在穿过楼板或墙壁时，应用保护管，而且穿楼板处必须用钢管保护，其保护高度距地面不应低于1.8m；装设开关的地方可引至开关的位置。

②过变形缝时应做补偿处理。

2) 弹线定位方法：按设计图确定进户线、盒、箱等电气器具固定点的位置，从始端至终端（先干线后支线）找好水平或垂直线，用粉线袋在线路中心弹线，分均档，用笔画出加档位置后，再细查木砖是否齐全，位置是否正确，否则应及时补齐。然后在固定点位置进行钻孔，埋入塑料胀管或伞形螺栓。弹线时不应弄脏建筑物表面。

(3) 线槽固定

1) 塑料胀管固定线槽：混凝土墙、砖墙可采用塑料胀管固定塑料线槽。根据胀管直径和长度选择钻头，在标出的固定点位置上钻孔，不应出现歪斜、豁口。垂直钻好孔后，应将孔内残存的杂物清净，用木槌把塑料胀管垂直敲入孔中（与建筑物表面平齐为准），再用石膏将缝隙填实抹平。用半圆头木螺钉加垫圈将线槽底板固定在塑料胀管上，紧贴建筑物表面。应先固定两端，再固定中间，同时找正线槽底板，要横平竖直，并沿建筑物形状表面进行敷设。木螺钉的规格尺寸见表A-1，线槽安装用塑料胀管固定如图A-1所示。

表A-1　木螺钉的规格尺寸

（单位：mm）

标号	公称直径	螺杆直径	螺杆长度
7	4	3.81	12～70
8	4	4.7	12～70
9	4.5	4.52	16～85
10	5	4.88	18～100
12	5	5.59	18～100
14	6	6.30	250～100
16	6	7.01	25～100
18	8	7.72	40～100
20	8	8.43	40～100
24	10	9.86	70～120

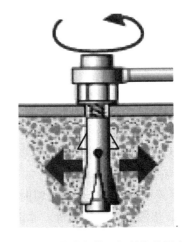

图A-1　线槽安装用塑料胀管固定

2) 伞形螺栓固定线槽：在石膏板墙或其他护板墙上，可用伞形螺栓固定塑料线槽，根据弹线定位的标记，找出固定点位置，把线槽的底板横平竖直地紧贴建筑物的表面，钻好孔后将伞形螺栓的两伞叶掐紧合拢插入孔中，待合拢伞叶自行张开后，再用螺母紧固即可，露出线槽内的部分应加套塑料管。固定线槽时，应先固定两端再固定中间。伞形螺栓安装做法如图A-2所示。伞形螺栓的构造如图A-3所示。

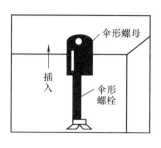 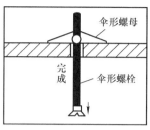 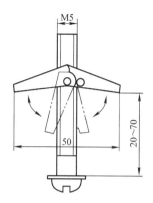

图 A-2　伞形螺栓安装做法　　　　　　　图 A-3　伞形螺栓的构造

(4) 线槽连接

1) 线槽及附件连接处应严密平整、无孔、不留缝隙，紧贴建筑物固定点最大间距尺寸见表 A-2。

表 A-2　槽体固定点最大间距　　　　　　　　　　　（单位：mm）

固定点形式	槽板宽度		
	20~40	60	80~120
	固定点最大间距		
中心单列	80	—	—
双列	—	1000	—
双列	—	—	800

2) 线槽分支接头、线槽附件如直转角、三通，接头、插口、盒、箱，应采用相同材质的定型产品。槽底、槽盖与各种附件相对接时，接缝处应严实平整，固定牢固，如图 A-4 所示。

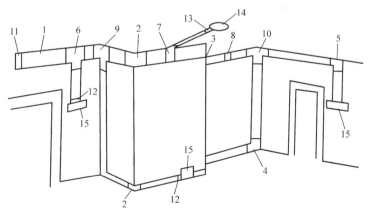

图 A-4　塑料线槽安装示意图

1—终端头　2—塑料线槽　3—平三通　4—右三通　5—阳角　6—顶三通　7—灯头盒插口　8—灯头盒
9—阴角　10—连接头　11—左三通　12—平转角　13—接线盒　14—直转角　15—接线盒插口

3）线槽各种附件安装要求。

①盒子均应两点固定，各种附件角、转角、三通等固定点不应少于两点（卡装式除外）。

②接线盒、灯头盒应采用相应插口连接。

③线槽的终端应采用终端头封堵。

④在线路分支接头处应采用相应接线箱。

⑤安装铝合金装饰板时，应牢固、平整、严实。

（5）槽内放线

1）清扫线槽。放线时，先用布清除槽内的污物，使线槽内外清洁。

2）放线。先将导线放开抻直，捋顺后盘成大圈，置于放线架上，从始端到终端（先干线后支线）边放边整理，导线应顺直，不得有挤压、背扣、扭线和受损等现象。绑扎导线时应采用尼龙绑扎带，不允许采用金属丝进行绑扎。在接线盒处的导线预留长度不应超过150mm。线槽内不允许出现接头，导线接头应放在接线盒内；从室外引进室内的导线在进入墙内一段用橡胶绝缘导线。同时，穿墙保护管的外侧应有防水措施。

（6）导线连接　导线连接应使连接处的接触电阻值最小，机械强度不降低，并恢复其原有的绝缘强度。连接时，应正确区分相线、中性线、保护地线。可采用绝缘导线的颜色区分，或使用仪表测试对号，检查正确无误后方可连接。

（7）线路检查、绝缘摇测　对完成连接的线路进行检查，并摇测绝缘性。

4. 质量标准

（1）主控项目

1）槽板内电线无接头，电线连接设在器具处；槽板与各种器具连接时，电线应留有裕量，器具底座应压住槽板端部。

2）槽板敷设应紧贴建筑物表面，且横平竖直、固定可靠，严禁用木楔固定。木槽板应经阻燃处理，塑料槽板表面应有阻燃标志。

（2）一般项目

1）木槽板无劈裂，塑料槽板无扭曲变形。槽板底板固定点间距应小于500mm，槽板盖板固定点间距应小于300mm，底板距终端50mm和盖板距终端30mm处应固定。

2）槽板的底板接口与盖板接口应错开20mm，盖板在直线段和90°转角处应成45°斜口对接，T形分支处应成三角叉接，盖板应无翘角，接口应严密整齐。

3）槽板穿过梁、墙和楼板处应有保护套管，跨越建筑物变形缝处槽板应设补偿装置，且与槽板结合严密。

5. 成品保护

1）安装塑料线槽配线时，应注意保持墙面整洁。

2）接、焊、包完成后，盒盖、槽盖应全部盖严实平整，不允许有导线外露现象。

3）塑料线槽配线完成后，不得再次喷浆、刷油，以防止导线和电气器具被污染。

6. 应注意的质量问题

1）线槽内有灰尘和杂物，配线前应先将线槽内的灰尘和杂物清净。

2）线槽底板松动和有翘边现象，胀管或木砖固定不牢，螺钉未拧紧；槽板本身的质量有问题。固定底板时，应先将木砖或胀管固定牢，再将固定螺钉拧紧。线槽应选用合格产品。

3）线槽盖板接口不严，缝隙过大并有错台。操作时应仔细地将盖板接口对好，避免有错台。

4）线槽内的导线放置杂乱。配线时，应将导线理顺，绑扎成束。

5）不同电压等级的电路放置在同一线槽内。操作时应按照图样及规范要求将不同电压等级的线路分开敷设。同一电压等级的导线可放在同一线槽内。

6）线槽内导线截面积和根数超出线槽的允许规定。应按要求配线。

7）接、焊、包不符合要求。应按要求及时改正。

7. 质量记录

1）绝缘导线与塑料线槽产品出厂合格证。
2）塑料线槽配线工程安装预检、自检、互检记录。
3）设计变更洽商记录，竣工图。
4）塑料线槽配线分项工程质量检验评定记录。
5）电气绝缘电阻记录。

交底单位		接收单位	
交底人		接收人	

附录 B　室内网络插座的安装与增设

在家庭装修中，网络插座的安装和增设已经成为家装电工必备的技能。对于网络插座的安装，大体可以分为网线的加工和网络插座的装设两部分内容。

一、网线的加工连接

在进行网络插座的安装与增设时，网线主要有双绞线、同轴电缆和光纤等，在家庭网络环境中，常采用双绞线作为网络传输介质，网线与上网设备之间通常采用 RJ-45 接头（俗称水晶头，也称为网线接头），按工艺标准进行连接。图 B-1 为 RJ-45 接头的连接方式。

图 B-1　RJ-45 接头的连接方式

根据制作流程，网线的加工可以划分成网线的加工处理、水晶头的安装、网络传输线的测试三个操作环节。下面以双绞线为例进行介绍。

（1）网线的加工处理　首先，在距网线端头 2cm 的位置，将网线端头的绝缘表皮去除。使用剥线钳在网线端头 2cm 处将绝缘层剥落，并保证不能损伤线芯。接下来将网线内部的 4

组线芯进行分离,并按顺序进行排序,如图 B-2 所示。

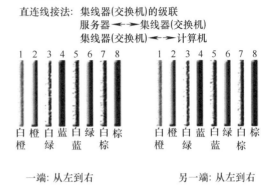

图 B-2　剪开网线的绝缘层

当露出网线的 4 对（共 8 根）单股电线线芯时（这里采用 T568B 的线序标准进行连接），将 4 对线芯按照白橙、橙、白绿、蓝、白蓝、绿、白棕、棕的颜色顺序排列,并将每根线芯拉直排列整齐。若采用 T568A 的线序标准进行连接,则将双绞线的 4 对线芯按照白绿、绿、白橙、蓝、白蓝、橙、白棕、棕的颜色顺序排列。

当网线内的线序排列好以后,将 8 根线芯的末端用压线钳的剪线刀口剪齐,剪线时要确保 8 根线的长度合适,长度为 1cm 左右即可。

（2）RJ-45 接头的安装　就是将水晶头按照工艺标准安装在修剪整齐的网线线芯上。水晶头的安装操作如图 B-3 所示。

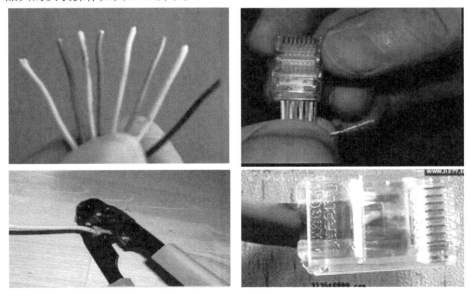

图 B-3　水晶头的安装

将剪好的线芯对准水晶头的插孔插入,在插入时要注意水晶头的方向,不要将网线拿反,要将线芯头插入水晶头底部。

在确保网线的线头不与水晶头脱离或松动的情况下,将水晶头放到压线钳的压线槽内,用力压下压线钳的手柄使水晶头压紧在网线端头（即水晶头内部的压线铜片与网线的线芯接触良好）。用同样的方法，将网线的另一端也安装上水晶头。

（3）网线的测试 当网线的两端都连接好水晶头后，应当使用专用的网络电缆测试仪对其进行测试。

网络电缆测试的方法如图 B-4 所示。

测试方法：将连接好的网线的两端插到网络电缆测试仪的测试接口上，然后将测试仪的开关打开，测试仪的指示灯显示出网线两端的连接状况。如果两端的指示灯同步，则证明网线连接完好。

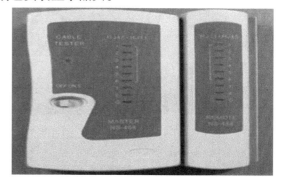

图 B-4 用网络电缆测试仪测试网线

小提示：在家庭中大多数使用的为百兆网线，有的也采用千兆网线，千兆网线与百兆网线安装水晶头有着很大的不同，不是用一一对应的方式进行连接，千兆水晶头及其连接方法如图 B-5 所示。

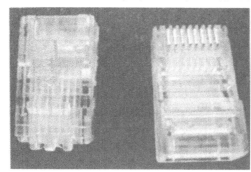

图 B-5 千兆水晶头及其连接方法

二、网络接线盒的安装与加工

入户的网络线路需要安装网络接线盒，这样，用户将网线的一端连接网络接线盒，另一端插头插接在上网设备的网络端口上，即可实现网络功能。图 B-6 为网络接线盒的实物外形。

图 B-6 网络接线盒

打开护板，并将其取下，将网络接口盒翻转，即可看到网络信息模块，用手将网络信息模块上的压线板取下，如图 B-7 所示。在压线板上可以看到网线的连接标准。

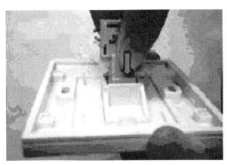
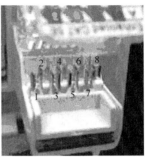

图 B-7　将压线板取下

将网线穿过网络信息模块压线板的两层线槽，将其放入网络信息模块，并用钳子将压线板压紧。

确认网线连接无误后，将连接好的网络信息模块安装到接线盒上，再将网络信息模块的护板安装固定。

网络信息模块固定好后，将连接水晶头的网线插入网络信息模块中，对其进行测试，确保网络可以正常工作即可。

三、网络插座的增设

通常，网线入户后只提供一个网络接口。随着生活品质的提高，许多家庭中已经不仅仅局限于使用一台计算机上网，因此网络插座的增设在目前家庭装修中非常普遍。

1) 入户网线只有一根的，按照传统制作方式，将网络接线盒接入入户的网络传输线接头，即可通过网络传输将网络信号传送给计算机，便可正常上网。

2) 采用网络入户总线盒引进室内的，由于网络属于弱电，应当采用金属材质的入户线盒。在网络入户总线盒中只有一根网线和信息模块，若需要将其分为两根网线，则需要在网络入户总线盒中加装一个小型网络交换机，来满足多台计算机可以同时上网的需求。

小型网络交换机的实物外形如图 B-8 所示。

图 B-8　小型网络交换机的实物外形

小型网络交换机可以将一组网络信号分成两组或多组进行输出。网线从总线盒接出后，与小型网络交换机进行连接，再通过小型网络交换机分别进行输出。

小提示：小型网络交换机的类型不同，在增设网络支路时，应当根据支路的个数，选择合适的小型网络交换机。

采用网线接头的加工处理方法,将入户网线接头加工处理好,并将其与小型网络交换机进行连接(将两根两端都有水晶头的网线与小型网络交换机的接口进行连接即可),再将增设的两路网络支路与接线盒进行安装,安装好后,将其安装到墙面的网络接线盒上,对其进行固定。

附录C 室内电话插座的安装与增设

在家庭装修中,电话插座的安装和增设也是家装电工必备的技能。电话插座的安装,大体可以分为电话线的加工和电话接线盒的安装两部分内容。

一、电话线的加工连接

电话线是通话系统中的传输介质,其内部由红、绿两根线芯组成。电话线的外层由绝缘层包裹,为防止其出现短路现象,内部的两根铜导线外皮包裹不同颜色的绝缘层,多数绝缘层颜色为红色、绿色。在电话线连接中,电话线与电话机之间通常采用水晶头的形式,对电话线的加工主要就是对水晶头的制作。

根据制作流程,电话线的加工可以划分成电话线接头的加工处理、水晶头的安装和电话线的测试三个操作环节。

(1) 电话线接头的加工处理 使用压线钳的剥线刀口在电话线接头2cm处轻轻割破电话线的绝缘层,注意不要伤损芯线,将割断的绝缘层抽出,露出电话线的红、绿两根分支电话线。再将两根分支电话线的末端用压线钳的剪线刀口剪齐,剪线时确保两根线的长度为1cm左右即可,如图C-1所示。

图C-1 电话线接头的加工

(2) 水晶头的安装 电话线接头加工处理完毕后,就可以安装水晶头了。

将已经剪切好的两根线芯放入水晶头内部,将水晶头放到压线钳的压线槽内,同时还要确保电话线的线头不脱离水晶头或松动,并确认线头顺序无误后,用力压下压线钳的手柄使水晶头的压线铜片与电话线的线芯接触良好。如图C-2所示。

小提示:电话线与水晶头连接时不区分颜色顺序,但必须确保同一根电话线的两端线序相同。

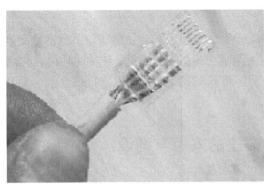

图 C-2　水晶头的安装

确定使用电话线的长度后，用同样的方式，对电话线的另一端进行加工。

（3）电话线的测试　当电话线连接好后使用网络电缆测试仪对其进行测试。

当电话线的两端都连接好水晶头后使用专用的网络电缆测试仪对其进行测试，如图 C-3 所示。

图 C-3　用网络电缆测试仪测试电话线

在对其进行测试前应当先将测试仪的接口转换为电话线的接口。

测试方法：将连接好的网线的两端插到网络电缆测试仪的测试接口上，然后将测试仪的开关打开，测试仪的指示灯显示网线两端的连接状况。如果两端的指示灯同步，则证明双绞线连接完好。

二、电话接线盒的安装与加工

入户的电话线路需要安装电话接线盒，这样，用户将电话线的一端连接在电话接线盒上，另一端插头连接在电话机上，即可接听或拨打电话。

电话接线盒的安装就是将入户的电话线与电话接线盒进行连接，以便用户通过电话接线盒上的电话传输接口（RJ-11 接口）连接电话机进行通话。图 C-4 为电话接线盒的实物外形。

电话线与电话接线盒上接口模块的安装连接可分为电话线的加工处理和电话线与接口模

块的连接两个操作环节。

（1）电话线的加工处理　首先将接线盒中的电话线进行处理。剥落电话线的表皮绝缘层，并对内部线芯进行加工。入户电话线需要与接线端子进行连接时，需要将其接线端子片进行连接。在连接之前需使用压线钳对电话线进行加工，并通过接线端子进行连接。加工时，使用压线钳将电话线的绝缘层剥去，将露出的线芯末端用压线钳的剪线刀口剪齐，剪线时要确保2根线的长度不要太短也不要太长，长度在1cm左右即可，如图C-5所示。

图C-4　电话接线盒实物

图C-5　电话线的加工处理

当电话线加工后，应将其内部线芯与接线端子进行连接。

剥线完成后，将线芯穿入接线端子插口内，然后用尖嘴钳夹紧接线端子的固定爪，包住电话线线芯。为了将接线端子与电话线线芯固定牢固，可以使用钳子的尾段进行固定（夹紧固定爪）。使用同样的方法，在另一个线芯上与接线端子相连。

（2）电话线与接口模块的连接　打开电话线信息模块，并将需要连接的端子上的螺钉拧下，将电话线的信息模块的面板打开，即可看到固定螺钉，将螺钉取下。在电话线信息模块的反面中有4个连接端子，使用螺钉旋具将需要连接电话线的端子接口处的螺钉拧开，分别将红色导线和绿色导线连接到相同颜色的接线端子上。

将已连接好的电话信息模块安装到墙面的电话接线盒上，确认电话线连接无误后，将连接好后的电话信息模块放到模块接线盒上，选择合适的螺钉将带有电话线的信息模块面板固定。

安装面板并插入电话测试接线模块，固定好电话信息模块后，将护盖安装到模块上，即完成电话信息模块的安装，最后将带有水晶头的电话线插到电话信息模块中即可进行工作。

三、电话插座的增设

通常，电话线系统入户后只提供一个电话线端口。随着生活品质的提高，许多家庭已经不局限于一台电话机，因此电话插座的增设在目前家庭装修中非常普遍。

1）入户电话线只有一根的，按照传统制作方式，将电话接线盒与入户的电话线连接，即可通过电话插座将信号传送到电话机中，便可正常通话。

可以通过电话分线盒，将入户的电话线分为两个端口进行输出，以满足连接两个电话支路的需求。电话分线盒的实物外形如图C-6所示。

图 C-6 电话分线盒的实物外形

小提示：选用的电话分线盒不同，所增设的电话支路也会不同，因此，在增设之前先要根据实际需求选择合适的电话分线盒。

2）电话分线盒与入户电话线水晶头的连接：使用电话线接头的加工处理方法，对入户电话线接头加工处理为水晶头后，将其与电话分线盒的输入接口进线连接。

采用同样的方法，将两端电话线支路的电话线接头与电话分线盒输出口相连。将增设的两路电话支路连接好后，将护盖进行安装，至此安装完成。

附录 D 室内浴霸与排风设备的安装

一、浴霸设备的安装

1. 浴霸设备的分类

浴霸是许多家庭沐浴时首选的取暖设备，常见的有壁挂式和吸顶式两种，如图 D-1 所示。

a) 壁挂式　　　　　　　　　　b) 吸顶式

图 D-1 浴霸

壁挂式浴霸采取斜挂方式固定在墙壁上，具有灯暖、照明、换气的功能，没有安装条件的限制；而吸顶式浴霸则是固定在吊顶上，具有灯暖（风暖）、照明、换气等多种功能，由于是直接安装在吊顶上的，吸顶式浴霸比壁挂式浴霸节省空间，更美观，沐浴时受热也更全面均匀，更舒适。

目前，市场上销售的浴霸按其发热原理可分为以下3种：

1）灯泡系列浴霸：以特制的红外线石英加热灯泡作为热源，通过直接辐射加热室内空气，不需要预热，可在瞬间获得大范围的取暖效果。

2）PTC系列浴霸：以PTC陶瓷发热元件为热源，具有升温快、热效率高、不发光、无名火、使用寿命长等优点，同时具有双保险功能，非常安全可靠。

3）双暖流系列浴霸：采用远红外线辐射加热灯泡和PTC陶瓷发热元件联合加热，取暖更快，热效率更高。

2. 使用和安装浴霸需注意的问题

（1）浴霸电源配线系统要规范　浴霸的功率最高可达到1100W以上，其电源配线必须是防水线，最好是不低于1mm^{2}的多丝铜芯电线。所有电源配线都要走塑料暗管镶在墙内，绝不允许有明线设置。浴霸电源控制开关必须是带防水、10A以上容量的合格产品。

（2）浴霸不宜太厚　在安装时，一定要注意浴霸不能太厚，不超过20cm。因为浴霸要安装在房顶上，若想要把浴霸装上必须在房顶以下加PVC吊顶，这样才能使浴霸的后半部分夹在两顶之间。如果浴霸太厚，装修就困难了。

（3）浴霸应装在卫生间的中心部位　很多家庭将浴霸安装在浴缸或淋浴位置上方，这样表面看起来冬天升温很快，但红外线辐射灯升温快，离得太近容易灼伤人体。正确的方法是将浴霸安装在卫生间顶部的中心位置，或略靠近浴缸的位置。

（4）浴霸工作时禁止用水喷淋　尽管现在的浴霸都进行了防水处理，但在实际使用时千万不能用水去泼，以免引起浴霸内部金属配件出现短路等危险。

（5）忌频繁开关和周围有振动　不可频繁开关浴霸，浴霸运行中切忌周围有较大的振动，否则会影响取暖灯泡的使用寿命。如运行中出现异常情况，应立即停止使用。

（6）要保持卫生间的清洁干燥　在洗浴完后，不要马上关掉浴霸，尤其是带有通风功能的浴霸，要等卫生间内潮气排掉后再关机；平时也要经常保持卫生间通风、清洁和干燥，以延长浴霸的使用寿命。

3. 浴霸设备的安装准备

安装浴霸之前，应先详细阅读安装说明。

1）壁挂式浴霸的安装条件：对安装没什么限制。

2）吸顶式浴霸的安装条件：适宜新房装修或者二次装修时安装；对吊顶有一定的厚度要求；卫生间内要有多用插头，如果卫生间内没有多用插头，则需要外接插头；安装线路不能走明线。

小提示：浴霸安装的位置与人的头顶之间距离不宜太近。

4. 浴霸设备的安装连接

下面以吸顶式浴霸的安装连接方法为例进行讲解。

（1）确定浴霸安装位置　为了取得最佳的取暖效果，浴霸应安装在浴缸或沐浴房中央正上方的吊顶。中高档浴霸都带有通风口，对需要通风口的浴霸，在安装之前，要先确定墙壁上通风窗的位置。

小提示：安装浴霸过程中，通风管应避免与燃气热水器、油烟机接入同一排气管道，以防有害气体从气道或其他燃烧燃料的设备回流进室内。

浴霸与通风窗之间的距离一般保持在1m以内，这是因为浴霸厂商提供的标准通风管的长度为 1.5m，太长的距离会影响通风管连接的密封性。

通风窗的位置要略低于通风口，以免通风管内结露水倒流到主机内。最好同时安装上单向阀，以防止风道内有异味返回室内。在安装单向阀时，可使用发泡胶进行黏结，既能实现连接效果，又能实现密封效果。

浴霸安装完毕后，灯泡离地面的高度应在 2.1～2.3m，过高或过低都会影响使用效果。

（2）吊顶的加工　确定完浴霸的安装位置之后，需要对吊顶进行适当的加工处理。使用浴霸包装盒内的开孔模板在吊顶上进行开孔，然后在开孔处使用 30mm×40mm 的木档铺设安装龙骨，开孔边缘距离墙壁应不少于 250mm。

（3）电线的连接　将浴霸上的所有灯泡拧下，并且取下面罩，然后进行电线的连接。

二、常用排风设备的安装

排风设备是许多家庭厨房或卫生间用于通风换气的设备，常见的为吸顶式，如图 D-2 所示。

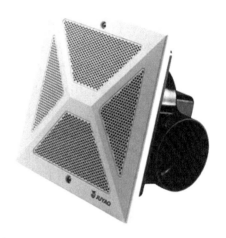

图 D-2　排风设备

排风设备的安装连接基本上没有区别，并且都是采用吸顶式的安装连接方法。

（1）确定排风设备安装位置　与确定浴霸安装位置的方法相同。

（2）吊顶的加工　确定完排风设备的安装位置之后，需要对吊顶进行适当的加工处理，在吊顶上进行开孔后，用木档敷设龙骨，并且与通风管之间的位置要规划好。

（3）电线的连接　将排风设备上的面罩取下，并对导线进行加工。

排风设备通常采用 2 芯绝缘线，分别为一根零线、一根相线，将装修时预留的导线与排风设备的接线端进行连接，注意颜色的对应。

零线的连接：排风设备的零线与供电导线的蓝色零线连接。

相线的连接：排风设备的相线与供电导线的红色相线连接。

（4）通风管的连接　连接完电线，再将通风管安装好。安装通风管时，可以先将通风管与通风窗进行连接，再逐步调整通风管，要注意通风管的走向，应保持畅通，拐弯越少越好，以达到与排风扇通风口连接的最佳效果。

(5) 固定 所有连接都完成以后，就可以将排风设备与吊顶进行固定了。

将排风设备的箱体推进空穴中，使用 4 颗固定螺钉固定，将箱体固定在吊顶木档上即可。

附录 E 室内有线电视插座的安装与增设

在家庭装修中，有线电视插座的安装和增设已经成为家装电工必备的技能。对于有线电视插座的安装，大体可以分为有线电视线的加工和有线电视接线盒的安装两部分内容。

一、有线电视线的加工连接

在进行有线电视插座的安装与增设时，有线电视线采用同轴电缆，这种电缆具有抗干扰能力强、屏蔽性好、传输数据稳定、价格便宜等特点。图 E-1 为同轴电缆的实物外形。同轴电缆的外层是一层塑料绝缘保护层（外塑料绝缘层），在塑料绝缘保护层里面是一层由细铜线组成的网状屏蔽层，可屏蔽外界高频信号的干扰。在网状屏蔽层内是一层厚厚的绝缘材料（内绝缘层）。单根铜导线（内芯）就包在绝缘材料内。

目前，在有线电视系统中，有线电视与有线电视设备之间通常采用 BNC 接头形式，如图 E-2、图 E-3 所示。

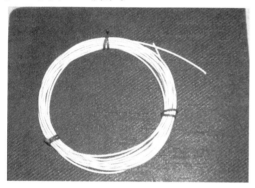
图 E-1 同轴电缆

图 E-2 BNC 接头

根据制作流程，有线电视线的加工可以划分成 BNC 接头的加工处理、BNC 接头的安装和 BNC 接头的修正三个操作环节。

(1) BNC 接头的加工处理

1) 加工有线电视线接头的外塑料绝缘层和网状屏蔽层。使用剪刀将同轴电缆的护套剪开，剪开护套时，不能将电缆内部的屏蔽网、绝缘层以及铜芯等部分剪坏。将同轴电缆的网状屏蔽层向外翻折。为了避免屏蔽层与铜芯之间短路，翻折时一定要全部翻折下来。

2) 去除内绝缘层。先剪开同轴电缆的绝缘层，再用剪刀将绝缘层剪下，注意不要将内部的铜芯剪断。剪绝缘层时，要将绝缘层剪到与护套剪切口处相距 2~3mm。

(2) BNC 接头的安装 先将金属卡环套入同轴电缆备用，再装上 BNC 接头，装入时将 BNC 接头装在绝缘层与屏蔽层之间，使屏蔽层紧挨着 BNC 接头的外侧。

(3) BNC 接头的修整 装好后同轴电缆的绝缘层应正好在 BNC 接头内部螺纹的下面，

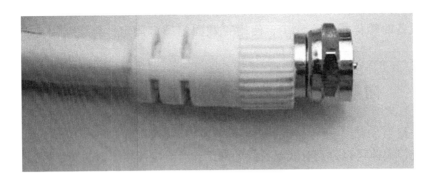

图 E-3　BNC 接头与同轴电缆的连接

若开始剪绝缘层时，预留的绝缘层过多，就会影响 BNC 接头与设备的连接。BNC 接头安装不到位，应对 BNC 接头进行修整。

1）BNC 接头安装到同轴电缆上面后，使它不会因为过长而和铜芯短路或不整齐使得同轴电缆加工完成后不美观。

2）用压接钳紧固卡环。为防止卡环的脱落，应先将事先套入同轴电缆的卡环移到同轴电缆与 BNC 接头的连接处，用压接钳使卡环紧固在同轴电缆与 BNC 接头之间的连接处。

3）将卡环紧固后，同轴电缆的屏蔽层与 BNC 接头外部可以良好接触，而又不会与铜芯发生短路现象。最后修剪多余的铜芯。

4）同轴电缆的铜芯只需露出 BNC 接头 1~2mm 即可，使用偏口钳将多余的铜芯剪掉。

5）确定使用同轴电缆的长度后，用同样的方式，对同轴电缆线的另一端进行加工。

二、有线电视接线盒的安装与加工

有线电视接线盒的安装就是将有线电视接入用户的有线电视线与有线电视接线盒连接，以便用户通过有线电视接线盒上的有线电视接口（BNC 接口），使有线电视接收有线电视节目。图 E-4 为有线电视接线盒的实物外形。

图 E-4　有线电视接线盒

有线电视线与有线电视接线盒的安装连接方法如下：

1）加工好支路同轴电缆以后，就可以和信息模块进行连接了。

2）将同轴电缆的铜芯插入信息模块的接线孔内，拧紧螺钉进行固定，将同轴电缆固定在有线电视信息模块的金属扣内，使网状屏蔽线与金属扣相连，然后将螺钉拧紧，固定住同轴电缆。

3）将信息模块固定在墙上，确认同轴电缆连接无误后，将连接好的有线电视信息模块放到接线盒上，选择合适螺钉将带有同轴电缆的信息模块面板固定。

4）安装面板并插入电视测试接线模块。固定好有线电视信息模块后，将遮盖面板安装到模块上，即完成有线电视盒的安装，最后将有线电视线上的 BNC 接头插入到有线电视信息模块中即可进行工作。

用于连接有线电视线盒的射频接头，因规格不同，可以购买指定规格的接头，也可以通过加工连接而成。

三、有线电视插座的增设

通常，有线电视系统入户后只提供一个有线电视端口。随着生活品质的提高，很多家庭已经不局限一台电视机收看有线电视节目，因此有线电视插座的增设在目前家庭装修中非常普遍。

入户有线电视线只有一根的，按照传统制作方式，将入户有线电视接线盒直接与入户的有线电视线接头安装连接好，即可通过有线电视线将有线电视节目传输给电视机。

通过有线电视机分配器，将入户的有线电视线分出多个端口，以满足连接多条有线电视支路的需求。有线电视分配器的实物外形如图 E-5 所示。

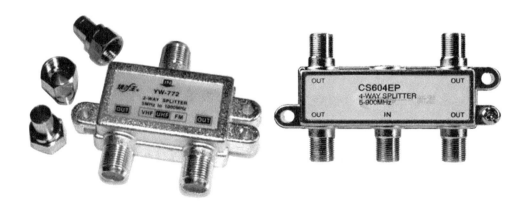

图 E-5　有线电视分配器的实物外形

双输有线电视分配器可以将一组有线电视信号分成两路进行输出，多输有线电视分配器可以将多组有线电视信号分成多路进行输出。有线电视线从总线盒中分出来，然后与有线电视分配器相连接,再将有线电视的分配器分为多根线分别输出。

小提示: 选用的有线电视分配器不同,所增设的有线电视支路也会不同,因此,在增设之前先要根据实际需求选择合适的有线电视分配器。

入户有线电视接头加工处理好后,将其与有线电视分配器的输出接口相连,并拧紧螺钉固定。采用同样的方法,将两端有线电视支路的有线电视接头与有线电视分配器的输出接口相连,并拧紧螺钉固定。将增设的两路有线电视支路与接线盒进行安装,安装好后,用螺钉固定。